职业教育产教融合型系列教材

新农村短视频实务

主　编　陶诗华　张建川
副主编　陈珺瑶　余沁钥　廖　伟
参　编　徐　焱　张　来　朱　锐　张晓月　杨志华

中国轻工业出版社

图书在版编目（CIP）数据

新农村短视频实务/陶诗华，张建川主编. --北京：中国轻工业出版社，2025.1. --ISBN 978-7-5184-5367-2

Ⅰ. TN948.4

中国国家版本馆CIP数据核字第2024UT8746号

责任编辑：杜宇芳

文字编辑：武代群　　责任终审：劳国强　　设计制作：锋尚设计

策划编辑：杜宇芳　　责任校对：朱　慧　朱燕春　　责任监印：张　可

出版发行：中国轻工业出版社（北京鲁谷东街5号，邮编：100040）

印　　刷：艺堂印刷（天津）有限公司

经　　销：各地新华书店

版　　次：2025年1月第1版第1次印刷

开　　本：787×1092　1/16　印张：9.5　插页：2

字　　数：255千字

书　　号：ISBN 978-7-5184-5367-2　定价：39.80元

邮购电话：010-85119873

发行电话：010-85119832　010-85119912

网　　址：http://www.chlip.com.cn

Email：club@chlip.com.cn

240059J3X101ZBW

前言

随着信息技术的迅猛发展和互联网的普及，短视频作为一种新兴的传播媒介，正以其独特的魅力迅速融入人们的日常生活。在新农村建设的时代背景下，短视频不仅成为展示乡村风貌、传播乡土文化的重要窗口，也为推动农村经济发展、提升农民生活水平提供了新的契机。

本教材以服务国家乡村振兴战略为导向，针对中等职业学校学生的特点，从短视频编辑与制作的角度出发，由浅入深地讲解新农村短视频创作的核心要素，并结合短视频制作工具Premiere为新媒体的初学者提供入门技术指导。全书共包含5个模块：开启新农村短视频之路、脚本策划与镜头设计、新农村短视频的拍摄与制作、新农村短视频项目实训、发布与推广新农村短视频。通过项目实训的展示演练，将项目创意和制作技巧有效地进行结合，并对其制作方法进行了详细的阐述，使学习者对新农村短视频制作形成一个全面的认识。

本教材难易适中，契合中职学生认知与职业技能的要求，以岗位职责和能力需求为指引，融合新技术、工艺及标准，强调模块化教学与思政结合，凸显职教特色，助力学生个性发展。教材结合文字、图表和视频，构建直观、生动的学习环境。知识重难点配备二维码资源，凸显新农村短视频的实操特点，深化学生对Premiere软件剪辑的理解。本教材力求全面提升学生知识、技能及职业素养，激发其探索与创新精神。

本教材是校企合作、产教融合的实践成果，充分体现了职业教育校企合作办学的特点。本教材由陶诗华、张建川担任主编，陈珺瑶、余沁钥、廖伟担任副主编，徐焱、张来、朱锐、张晓月、杨志华参编。成书过程中，重庆昭信研究院提出了许多宝贵意见，提升了本书的品质，在此表示衷心的感谢。由于时间仓促，编者水平有限，书中难免存在不足，恳请读者不吝赐教。

编　者

2024年5月

目录

模块 1

开启新农村短视频之路

模块导读

在当今信息爆炸的时代，短视频已成为一种炙手可热的传播形式，尤其在农村地区，它为展示乡村风貌、传承乡土文化、促进乡村经济发展提供了全新的平台。本模块详细介绍了新农村短视频的特征与类型、发展与社会价值、制作流程等内容，帮助读者全面了解这一新媒体形式。

学习目标

知识目标：

（1）掌握新农村短视频的特征与类型。

（2）了解新农村短视频的发展与社会价值。

（3）了解新农村短视频的制作流程与工作素养要求。

（4）了解新农村短视频的发展趋势和影响。

能力目标：

（1）能够准确描述新农村短视频的特征与类型。

（2）能够准确描述新农村短视频的制作流程。

素养目标：

（1）培养对新农村短视频的敏锐感知和创作热情。

（2）增强对乡村文化和乡土特色的认同感和传承意识。

（3）加深对新农村短视频在乡村振兴和乡村经济发展中的作用的认识和理解。

第一节 新农村短视频的特征与类型

一、新农村短视频的定义与特点

移动互联网时代，短视频已成为用户时间与流量的主导内容。与传统的图文形式相比，短视频以其轻盈简洁的特性，传递了更丰富的信息，展现形式也更生动直接。人们利用碎片时间浏览短视频，并通过弹幕、评论、分享等方式进行社交互动，赋予了短视频通过人际网络快速传播的潜力，极大地增强了其影响力。

短视频，通常在新媒体平台播放，适合在移动和短暂休闲状态下观看，具有频繁推送的特点，长度从几秒至几分钟不等。它以简单易制的流程、较低的制作门槛以及高参与性等特点，成为当前时代信息传播的重要形式。

新农村短视频，作为特殊的短视频类型，聚焦于“三农”（农村、农业和农民）的生活、文化和经济发展。它利用短视频平台的优势，以直观生动的方式展示乡村的魅力、传统与现代的交融，为观众提供了深入了解农村真实生活的窗口。新农村短视频的特点包括丰富多样的内容、强烈的真实感、广泛的传播力、高度的互动性以及显著的经济效益。

你知道吗?

中国新农村概念

中国的新农村概念，涵盖了生产发展、生活宽裕、乡风文明、村容整洁和管理民主等目标，强调了经济、政治、文化、社会和党的建设5个维度的协调发展。这一概念不仅关注农村的经济繁荣，更注重农村社会的全面进步。

新格局：产业发展的革新

传统农业向现代农业的转型是新格局的核心。通过加快农业科技的应用和推广，提高农业生产效率，从而形成具有竞争力的农村产业体系。

新提高：农民生活水平的飞跃

农民收入的持续增长和生活质量的提升是新提高的标志。这不仅意味着物质生活的改善，也包括农民在教育、医疗和社会保障等方面的全面进步。

新风尚：乡风民俗的升华

乡风文明和民俗文化的传承与创新是新风尚的体现。通过教育和文化活动，培养农民的现代文明意识，摒弃陋习，树立新风。

新变化：乡村面貌的蜕变

乡村环境的改善和基础设施建设是新变化的关键。合理规划乡村布局，建设美丽宜居的农村社区，提升农民的生活环境。

新机制：乡村治理的创新

加强基层民主建设，完善乡村治理结构是新机制的核心。通过深化农村改革，保障农民的合法权益，增强乡村自治能力。

二、新农村短视频的分类

新农村短视频在多元化的内容呈现中，可以根据不同的视角和目的进行细致的分类。以下是一些常见的分类方式，它们不仅揭示了短视频内容的丰富性，还体现了其在乡村振兴中的多重价值。

按照内容主题来划分，可以将新农村短视频分为五类：

（1）农业生产类：这类短视频聚焦于农田的耕耘与收获，通过镜头记录种植技术的革新、农业机械的现代化应用以及农民们在田间地头的辛勤劳动。它们不仅展示了农业生产的现代化进程，也反映了农村生产方式的转型升级。如图1-1所示，一段记录水稻无人机播种的短视频，能让观众感受到科技为农业带来的便捷与高效。

（2）农村风光类：这类短视频以农村的秀美风光为主要拍摄对象，无论是连绵起伏的山峦、波光粼粼的湖泊，还是金黄的麦田、错落有致的乡村民居，都能给人以美的享受和心灵的宁静，如图1-2所示。它们通过展现农村的生态美景，吸引了众多城市观众的目光，也为乡村旅游的发展开辟了新路径。

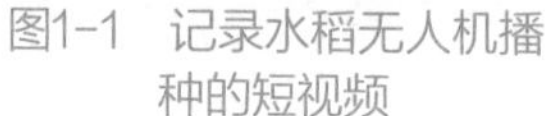
图1-1　记录水稻无人机播种的短视频

图1-2　农村风光类短视频

（3）乡村文化类：乡村文化是中华民族的宝贵财富，这类短视频致力于挖掘和传承乡村的历史脉络、传统习俗和民间艺术，如图1-3所示。无论是讲述一个古老的乡村传说，还是展示一项精湛的民间技艺，都能让观众在欣赏中感受到乡村文化的深厚底蕴和独特魅力。

（4）农村生活类：这类短视频将镜头对准了农村人物的日常生活，记录他们的喜怒哀乐、家庭琐事和邻里交往，如图1-4所示。通过这些真实而细腻的生活片段，观众能够深入地了解农村人物的生活状态和情感世界，感受到农村生活的朴实和真挚。

（5）农产品推广类：在乡村振兴战略的背景下，农产品推广类短视频应运而生。它们通过展示特色农产品的种植过程、品质特点和食用方法，帮助农民拓展销售渠道，提高产品的知名度和美誉度。如图1-5所示，一段介绍某地特产水果的短视频，能激发观众的购买欲望，带动当地农产品的销售。

图1-3　乡村文化类短视频

图1-4　农村生活类短视频

图1-5　农产品推广类短视频

按照制作方式来划分，新农村短视频可以分为三类：

（1）原创类：这类短视频由创作者根据自己的创意和构思独立完成，从策划、拍摄到剪辑都体现了创作者的独特视角和创新精神。它们往往具有较高的艺术价值和观赏性。

（2）搬运类：这类短视频主要是对其他平台或渠道的优质内容进行转载或二次加工，以满足不同观众的需求。但需要注意的是，搬运过程中可能涉及版权问题，因此，需要谨慎处理。

（3）混剪类：混剪类短视频是将多个素材进行巧妙地混合剪辑，形成全新的作品。这类短视频注重素材之间的协调性和整体性，通过巧妙的剪辑技巧展现出新的创意和视觉效果。

按照传播目的来划分，新农村短视频可以分为三类：

（1）娱乐消遣类：这类短视频以娱乐大众为目的，通过轻松幽默的内容或歌舞表演吸引观众的注意力，满足人们的消遣需求，如图1-6所示。

（2）宣传教育类：这类短视频旨在传递正能量、普及知识或增强公众意识，通过严肃或感人的内容引发观众的思考和共鸣。例如，一段关于防虫知识的短视频，就能在娱乐中传播有益的信息，如图1-7所示。

（3）商业推广类：这类短视频以商业利益为导向，通过展示品牌或产品的优势特点来吸引潜在消费者，促进销售和市场份额的提升，如图1-8所示。在商业推广类短视频中，可以经常看到对特色农产品、乡村旅游景点或农村手工艺品的宣传推广。

需要注意的是，以上分类方式并不是相互独立的，同一部短视频可能同时属于多个类别。例如，一部介绍农村传统节日的短视频，既可以归为乡村文化类，也可以归为宣传教育类。总之，无论采用哪种分类方式，新农村短视频的目的都是展示乡村文化、传播乡村信息、促进乡村经济发展。因此，在制作和发布新农村短视频时，应该注重内容的真实性、生动性和实用性，同时也要考虑传播的广泛性和持续性。只有这样，才能更好地利用新媒体平台推动乡村振兴战略的深入实施。

图1-6　娱乐消遣类短视频

图1-7　宣传教育类短视频

图1-8　商业推广类短视频

想一想

你喜欢哪些类型的农村短视频？这些视频都有什么特色？

第二节 新农村短视频的发展与社会价值

一、新农村短视频兴起的时代背景

1. 政策环境

《中共中央国务院关于实施乡村振兴战略的意见》指出，“支持‘三农’题材文艺创作生产，鼓励文艺工作者不断推出反映农民生产生活尤其是乡村振兴实践的优秀文艺作品，充分展示新时代农村农民的精神面貌”。《2022年数字乡村发展工作要点》指出，要“充分利用融媒体、直播平台、网络视听节目等渠道，讲好乡村振兴故事”。随着相关政策的不断出台，乡村网络设施设备的不断完善，“三农”短视频得到了发展契机，实现了互联网与“三农”的跨界融合。可以说，新农村短视频是乡村振兴战略和互联网信息技术双剑合璧下诞生的带有农业、农村、农民属性的产物。

2. 文化环境

《乡土中国》一书中提出：“从基层上看去，中国社会是乡土性的。”时代在迅速发展，人们常常处在加速运转的状态中，现实性焦虑已经成为人们的常态化感受。现阶段，悠闲自得的乡村田园生活是不少人内心的向往，乡村已经具备了缓解精神压力的功能，成为治愈内心的一种新工具。一方面，新农村短视频中呈现的乡村景象和乡村趣味生活内容能够为现代人提供一个精神寄托的场所，吸引着未曾到过乡村的人；另一方面，安逸和有温度的乡土记忆会侵蚀背井离乡的打工人，个体的乡愁逐渐汇聚成集体的文化怀乡。新农村短视频是一种文化行为的记录载体，可以再现乡村人的童年记忆，为远离故土的人们编织一个乡村梦，他们在观看短视频的时候会代入自身的情感记忆，实现心理补偿。

3. 社会环境

截至2020年9月17日，全国行政村通光纤和4G的比例已双双超过98%，这意味着互联网已经进入千家万户。中国互联网络信息中心（CNNIC）发布的第51次《中国互联网络发展状况统计报告》显示，截至2022年12月，我国网民规模达10.67亿，农村网民规模达3.08亿，占网民整体的28.9%。互联网时代，媒介技术的进步解决了乡村信号差和网络不稳定的难题，为新农村短视频的创作提供了技术支持。随着乡村网络设施的完善、智能手机的普及，以及视频拍摄制作软件简单、易操作，新农村短视频这种新型的视频形式应运而生。新农村短视频具有投资少、门槛低和互动强的特性，能够直接记录乡村生活，让大众了解新农村的变化，呈现新农村的新气象。

4. 平台支持

随着乡村振兴战略的实施，各大平台相继推出了新农村短视频扶持计划，如火山小视频平台“致富合伙人”计划；今日头条平台的“百村赋兴计划”；快手平台的“幸福乡村带头人计划”；西瓜视频平台的“三农创作者维权计划”；抖音平台的“新农人计划”等。短视频平台的扶持计划为新农村短视频创作提供了优越的条件，吸引大量的乡村居民加入新农村短视频的创作队伍中，他们使用智能手机拍摄乡村的美食美景，并将其发布在短视频平台上，获得经济收益。

二、新农村短视频的发展历程

根据拍摄技术和播放载体的发展，新农村短视频发展历程可以分为3个阶段。

1. 传统媒体时代

20世纪90年代，随着电视在农村的普及，农村开始出现一些以记录农村生活、展示乡村文化为主题的视频栏目。由于当时智能手机和移动互联网尚未出现，这些对农专题视频多数是通过传统媒体平台发布，内容多以乡村风光、农家生活、农业技术等为主。需要注意的是，由于这一时期的对农专题视频尚处于起步阶段，作品的数量和质量相对有限，且传播渠道也相对单一。视频时长受电视栏目习惯影响，往往在20分钟左右，不是真正意义的短视频。然而，这些作品在记录农村生活、展示乡村文化和推广农业技术等方面仍发挥了积极的作用。该时期的代表性作品有《农广天地》《乡村季风》等。

《农广天地》是原中央电视台CCTV7军事农业频道开办的农民科技教育与培训节目，旨在向广大农村传播农业科技知识，推广农业实用技术，提高农民的科技素质和生产技能，如图1-9所示。2019年，该节目转入CCTV17农业农村频道播出，之后更名为《田间示范秀》。

图1-9 《农广天地》节目早期片头

图1-10 《乡村季风》节目早期片头

《乡村季风》是山东广播电视台农科频道的一档对农专题栏目，如图1-10所示。节目是在山东省农村产业结构调整、促进农民致富奔小康的大背景下开办的。值得注意的是，2018年后该栏目开通了抖音账号，节目内容实现了传统媒体平台和短视频社交平台同步。

2. 网络平台时代

进入21世纪，随着互联网的迅猛发展，以土豆网和优酷网为代表的视频分享网站崭露头角。这些网站最初主要为用户提供个人视频和短片的上传服务，内容相对简单且多样。然而，随着移动互联网的迅猛发展以及广告商对视频平台潜力的认可，视频网站逐渐汇聚了庞大的用户群体和资本投入。此外，一些具有权威性的媒体机构也积极参与到视频网站的建设与运营中。例如，“农视网”作为国家网信办认定的中央新闻网站互联网新闻信息稿源单位，不仅聚焦于“三农”领域的重要新闻，还时刻关注“三农”热点，有效传达“三农”信息，致力于服务“三农”、助推乡村振兴事业，如图1-11所示。通过权威媒体的加入，视频网站在内容质量和影响力上得到了进一步提升，为整个行业的发展注入了新活力。

图1-11 “农视网”页面

在这一时代背景下，农村地区也迎来了信息传播的新纪元。网络平台的普及为农民和农业机构提供了前所未有的展示机会。他们开始积极尝试在网络上发布各类视频内容，生动展现农村生活的点点滴滴和农业生产的真实场景。这些视频虽然制作朴素，但真实地反映了农村的风土人情和日常劳作，逐渐赢得了社会各界的广泛关注和认可。

3. 手机短视频平台时代

当下，随着智能手机的广泛普及和移动网络技术的日新月异，手机短视频平台迅速崛起，成为农村地区信息传播的新风尚。新技术极大地简化了农村短视频的制作与发布流程，使其变得更为便捷和高效。农民不再受限于专业的摄影设备和复杂的后期制作，只需一部智能手机，便能轻松记录和分享自己的生活点滴。

目前，手机短视频平台的功能也日益丰富，不仅提供了海量的视频内容供农民观看和学习，还融入了社交和互动元素。农民可以通过点赞、评论和分享等方式，与其他用户进行互动交流，共同探讨视频内容，分享彼此的观点和感受。这种参与感和归属感，极大地激发了农民创作短视频的热情。

此外，手机短视频平台还为农村地区的特色产品和文化旅游开辟了新的宣传途径。通过拍摄和分享家乡的风景、民俗和特色美食等，农民不仅能够展示自己的家乡魅力，还能吸引更多人的关注。这为农村经济的发展和转型升级提供了有力的支持，推动了农产品的销售和农村旅游业的繁荣。

例如，某知名网红通过手机短视频平台，以细腻的画面和感人的故事，分享了自己在家乡的日常生活和传统文化，其中包括各种农产品的种植、收获和加工过程。这些视频不仅赢得了国内外网友的喜爱和点赞，而且提高了家乡特色农产品的知名度，带动了销售，为当地农民带来了实实在在的经济收益。

三、新农村短视频的社会价值与意义

新农村短视频的社会价值与意义主要体现在以下几个方面：

（1）记录和传承乡村文化：通过短视频，可以记录和保存乡村的文化和历史，让更多的人了解和认识乡村文化，促进乡村文化的传承和发展。

（2）推动乡村经济发展：短视频可以宣传乡村的特色产品和旅游资源，吸引更多的游客和投资者来到乡村，促进乡村经济的发展。

（3）提升乡村形象：通过短视频，可以展示乡村的美丽风光、特色产品和传统文化，提升乡村的知名度和形象，增强乡村居民的自豪感和自信心。

（4）促进城乡交流：通过短视频，城乡之间可以更好地交流和互动，城市居民可以更加了解乡村的生活和文化，乡村居民也可以学习到城市的先进理念和技术。

（5）提供信息和娱乐内容：新农村短视频可以提供农业技术、农业政策等方面的信息，同时也可以为农民提供娱乐内容，丰富他们的精神生活。

（6）培养新型职业农民：通过短视频平台，农民可以学习农业技术、农产品销售等方面的知识和技能，成为新型职业农民，提高自身的综合素质和能力。

四、新农村短视频的未来发展

1. 技术进步对新农村短视频的影响

（1）制作与发布：随着数字技术和移动互联网的发展，大部分人都可以轻松制作和发布新农村短视频。这大大降低了创作的门槛，更多的人有机会参与到视频内容的创作中来。此外，新的视频编辑软件和应用也简化了视频编辑过程，使非专业人士也能制作出高质量的内容。

（2）内容创新：技术进步推动了新农村短视频的内容创新。高清摄像头、稳定器、无人机等设备的使用，为创作者提供了更多的拍摄选择和视角。这使内容更加丰富多样，观众可以看到新农村的美丽景色、农民的日常生活以及农业生产的各个环节。

（3）传播与互动：移动互联网和社交媒体的发展，使得新农村短视频能够快速传播并实现用户之间的互动。观众可以通过点赞、评论、分享等方式参与视频的传播和讨论，进一步加强了新农村短视频的人际网络传播潜力。

（4）数据分析与优化：通过数据分析技术，创作者可以更好地理解观众的行为和喜好，从而优化视频内容。例如，通过分析点击率、观看时长、点赞和评论等数据，创作者可以判断哪些内容更受欢迎，并据此调整未来的创作方向。

技术进步为新农村短视频的发展提供了重要的支撑和推动力。它不仅简化了制作和发布过程，还为内容创新、传播互动、数据分析和经济效益提供了更多的可能性。随着技术的进一步发展，我们可以期待新农村短视频在未来有更大的发展空间和潜力。

找一找

基于上述4个技术进步点，在短视频平台上找到一个高质量的新农村短视频资源。

2. 新农村短视频的创新方向与趋势

新农村短视频的未来发展前景广阔，有望在技术驱动创新、内容品质提升、社交属性增强、产业融合发展、人才培养与支持和国际化发展等方面取得新的突破。通过不断创新和发展，新农村短视频有望成为乡村振兴战略的重要推动力量，促进农村经济文化繁荣和社会进步。

（1）技术驱动创新：随着5G、物联网、AI等技术的普及，新农村短视频的制作和传播将更加便捷高效。高清、流畅、低时延的5G网络，将为新农村短视频提供更好的观看体验；物联网技术将助力农村地区实现智能化生产和管理，为短视频内容提供更多素材；AI技术则可以为短视频制作提供智能化分析和推荐，提升内容质量和传播效果。

（2）内容品质提升：随着观众对内容品质的要求不断提高，新农村短视频需要更加注重创意和品质。这要求创作者深入挖掘乡村文化和产业特色，以更加专业和精细化的方式制作短视频，提升内容的质量和观赏价值。

（3）社交属性增强：短视频作为一种社交媒体形式，其社交属性将不断增强。通过互动、分享、评论等功能，新农村短视频可以更好地满足观众的社交需求，形成更加紧密的社群关系。这有助于提升短视频的传播效果和用户黏性。

（4）产业融合发展：新农村短视频有望成为农村产业发展的新动力。通过短视频平台，农村地区可以将特色农产品、旅游资源、民俗文化等产业进行展示和推广，吸引更多游客、投资和关注。这有助于推动农村产业融合发展，促进农村经济多元化和可持续发展。

（5）人才培养与支持：为了支持新农村短视频的持续发展，需要加强对创作者的培养和支持。通过培训、交流、扶持政策等方式，提升创作者的专业素养和创新能力，培养一支具备创意和技术实力的制作团队，为新农村短视频提供源源不断的优秀作品。

（6）国际化发展：随着全球化和信息传播的加速，新农村短视频有望走向国际舞台。通过与国外相关机构合作、参与国际赛事等方式，展示中国乡村的美丽风光、文化特色和产业发展成果，吸引更多国际观众的关注和认可。

第三节　新农村短视频的制作流程与工作素养要求

一、新农村短视频的制作流程

新农村短视频的制作流程主要包括以下七个步骤：

（1）确定目标与主题：在开始制作短视频之前，需要明确视频的目标和主题。目标可以是宣传新农村的特色、推广农产品、展示乡村文化等。主题则应该紧扣新农村的实际，如农村风光、农民生活、农业技术等。

（2）策划与准备：进行详细的策划，包括拍摄地点、时间、人物等。同时，准备好所需的拍摄设备，如摄像机、无人机等，并组织好拍摄团队。在这个阶段，还可以编写一个简单的剧本或拍摄提纲，以指导后续的拍摄工作。

（3）实地拍摄：根据策划方案，前往选定的地点进行实地拍摄。在拍摄过程中，要注意捕捉新农村的特色和亮点，确保画面质量和内容的丰富性。同时，与拍摄对象进行良好的沟通和互动，以获得更自然、真实的素材。

（4）后期制作与剪辑：将拍摄得到的素材导入电脑，使用专业的视频剪辑软件进行剪辑。根据剧本和策划方案，将各个片段有机地组合在一起，形成一个完整的故事。在剪辑过程中，可以添加背景音乐、字幕等元素，增强视频的观赏性和传达力。

（5）预览与反馈：完成初剪后，预览整个视频，检查是否有需要修改的地方。可以邀请团队成员或其他人观看，收集他们的反馈和建议，然后进行相应的调整。确保视频内容流畅、有趣且符合目标受众的喜好。

（6）发布与推广：将视频发布到各大视频平台，如抖音、快手等。在发布时，要注意优化标题、描述和标签，以提高视频的曝光率和点击率。同时，可以通过社交媒体、博客等渠道进行推广，吸引更多人观看和分享。

（7）数据分析与优化：在视频发布后，密切关注观众的反馈和数据表现。通过分析观看次数、点赞数、评论等数据，了解观众的兴趣点和需求，为后续的视频制作和推广提供参考和依据。根据数据反馈，不断优化视频内容和推广策略，提高视频的质量和影响力。

二、新农村短视频从业者的工作素养要求

（1）专业素养：从业者需要具备一定的视频制作和剪辑技能，包括摄影、摄像、后期制作等。同时，对于短视频平台和相关工具有深入地了解，能够熟练运用各种功能和特效，提升视频的质量和观赏性。

（2）创意能力：新农村短视频需要展现乡村的独特魅力和特色，因此，从业者需要具备较强的创意能力，能够发掘乡村的亮点和故事，以新颖、有趣的方式呈现给观众。

（3）沟通与协作能力：在短视频的制作过程中，从业者需要与拍摄对象、团队成员等进行有效地沟通和协作。因此，良好的沟通能力、团队协作精神和人际交往能力是必不可少的。

（4）耐心与毅力：短视频制作需要耗费大量的时间和精力，而且可能会遇到各种困难和挑战。从业者需要具备足够的耐心和毅力，不断尝试、改进，坚持到底，才能制作出高质量的视频。

（5）市场敏感度：新农村短视频不仅是一种文化产品，也是一种市场行为。从业者需要具备一定的市场敏感度，了解观众的需求和喜好，及时调整制作和推广策略，以获得更好的市场反响。

（6）文化素养：对乡村文化有一定的了解和认识，能够尊重并展现乡村的文化特色和价值。同时，对于社会热点和流行趋势也要保持关注，以便在视频制作中融入相关元素，提高视频的时效性和话题性。

（7）法律意识：在制作和发布短视频时，从业者需要遵守相关法律法规和平台规定，尊重他人的权益和隐私。因此，具备一定的法律意识和自律精神是必要的。

你知道吗？

短视频及平台运营的相关法律法规主要包括以下几部：

①《中华人民共和国网络安全法》：该法规要求网络运营者应当加强用户信息保护，保护用户隐私，并规定了禁止发布含有暴力、淫秽、恐怖等内容的网络信息。

②《互联网视听节目服务管理规定》：该规定对于短视频平台的内容进行了管理，要求平台应当对用户上传的内容进行审查，确保不传播违法信息。

③《中华人民共和国反不正当竞争法》：该法规规定了禁止在短视频平台上发布虚假广告和虚假宣传的内容，维护市场公平竞争秩序。

④《中华人民共和国著作权法》：该法规要求短视频平台应当保护著作权人的合法权益，采取措施防止侵权内容的传播。

⑤《中华人民共和国个人信息保护法》：该法律保护个人信息的权益，短视频平台在运营过程中需要遵循该法律，确保用户个人信息的安全和隐私。

⑥《中华人民共和国数据安全法》：该法律对数据安全进行了全面规范，短视频平台需要确保其数据处理活动的合法性和安全性。

此外，还有《互联网信息服务管理办法》《互联网电子公告服务管理规定》《互联网新闻信息服务管理规定》《网络出版服务管理规定》等，也涉及短视频及平台运营的相关要求。

以上法律法规共同构成了短视频及平台运营的法律框架，平台在运营过程中需要遵守这些法律法规，确保内容的合法性、用户信息的安全性和数据处理的规范性。

练习题

一、选择题

❶ 新农村短视频的特点包括（　　）

A. 丰富多样的内容
B. 强烈的真实感
C. 广泛的传播力
D. 高度的互动性以及显著的经济效益

❷ 按照内容主题进行分类，新农村短视频主要包括以下哪些类型（　　）

A. 游戏二次元
B. 农村风光类、乡村文化类
C. 农产品推广类
D. 农业生产、生活类

❸ 在制作和发布新农村短视频时，应该注重的内容包括（　　）

A. 真实性
B. 生动性
C. 实用性
D. 传播的广泛性和持续性

❹ 新农村短视频的社会价值与意义主要体现在以下哪几个方面（　　）

A. 记录和传承乡村文化、提升乡村形象
B. 推动乡村经济发展、促进城乡交流
C. 提供信息和娱乐内容
D. 培养新型职业农民

❺ 创作者可以通过哪些手段进行短视频数据分析与优化（　　）

A. 分析点击率
B. 分析观看时长
C. 查看个别用户隐私
D. 查看点赞和评论数据

❻ 新农村短视频的未来发展前景广阔，有望在哪些领域取得新的突破（　　）

A. 技术驱动创新
B. 内容品质提升、社交属性增强
C. 产业融合与国际化发展
D. 人才培养与支持

❼ 新农村短视频的制作流程主要包括以下哪些步骤（　　）

A. 确定目标、主题并完成策划与准备
B. 实地拍摄与后期制作
C. 预览与反馈确认与发布、推广
D. 数据分析与优化

二、判断题

❶ 短视频具有频繁推送的特点，长度从几秒至几分钟不等。（　　）

❷ 新农村短视频主要聚焦于“三农”（农村、农业和农民）的生活、文化和经济发展。（　　）

❸ 将其他平台或渠道的短视频进行转载或二次加工，不用考虑版权问题。（　　）

❹ 新农村短视频是一种文化行为的记录载体，可以再现乡村人的童年记忆，为远离故土的人们制造一个乡村梦，他们在观看短视频的时候会代入自身的情感记忆，实现心理补偿。（　　）

❺ 从业者只要掌握商业短视频的制作运营技巧，不需要对乡村文化了解和认识，也能制作运营新农村短视频。（　　）

模块 2

脚本策划与镜头设计

模块导读

脚本策划与镜头设计在新农村短视频制作过程中具有纲领作用。它们为整个制作过程提供了明确的指导和方向，确保了视频内容的连贯性和一致性。本模块内容包括新农村短视频的脚本策划、镜头设计、构图技巧以及色彩搭配技巧，旨在为读者提供一套完整、系统的新农村短视频制作方案。

学习目标

知识目标：

（1）掌握新农村短视频脚本策划基础、挖掘乡村特色元素的方法。

（2）理解新农村短视频镜头设计的重要性及相关知识。

（3）掌握新农村短视频构图、色彩运用及情感表达技巧。

能力目标：

（1）能够独立完成新农村短视频脚本策划，提炼主题、创意构思和编写脚本。

（2）能够根据需求设计镜头，选择合适的拍摄角度和技巧，优化视觉效果。

（3）能够运用构图和色彩技巧，提升视频画面的美感和情感传达。

素养目标：

（1）养成对新农村文化的敏感性和鉴赏力，增强对乡村特色的尊重和文化自信。

（2）提升创新思维和问题解决能力，灵活应对挑战，提出创新方案。

（3）养成严谨的工作态度和追求卓越的工匠精神，注重细节和品质。

第一节　新农村短视频的脚本策划

一、脚本的功能与形式

脚本作为短视频的拍摄提纲、框架，能提高短视频拍摄的效率，使拍摄流程标准化。它可以提前准备拍摄所需的内容，并指导后期剪辑。此外，通过使用脚本，制片人可以更好地规划和管理拍摄过程，从而减少浪费和错误，最终降低整个视频制作的成本。提纲脚本、分镜头脚本和文学脚本是3种常见的短视频脚本形式，它们在结构和内容上有所不同，但共同服务于视频创作的前期准备阶段。

1. 提纲脚本

提纲脚本是一种简洁而灵活的脚本形式，它主要以要点和关键词的方式列出视频内容的框架和主要信息。提纲脚本不深入到每个镜头的具体细节，而是提供一个整体的指导和方向。它通常包括以下几个部分：

（1）主题/标题：明确视频的主题或标题，概括视频的核心内容。

（2）目标受众：简要描述目标观众群体，帮助创作者定制内容和语言风格。

（3）内容要点：列出视频的主要内容和关键信息点，按逻辑顺序排列。

（4）时长分配：大致规划每个内容要点的时长，确保视频节奏紧凑且内容完整。

提纲脚本适用于内容具有很大的不确定性的短视频，如日常分享、工作记录等。它的灵活性较高，创作者可以根据实际情况随时调整内容，快速捕捉灵感和创意。

提纲脚本实例：

农业生产类短视频（总时长：1分50秒）提纲脚本

一、主题：现代化农业生产过程与技术应用

二、目标受众：农业从业者、农业技术爱好者、普通观众

三、内容框架

1．开场（10秒）

镜头：宽阔农田航拍，展现现代化农业景观。

旁白：介绍视频主题和背景。

2．主要内容

段落一：播种准备（15秒）

镜头：拖拉机耕地、平整土地。

旁白：解释土地准备的重要性和步骤。

段落二：播种技术（15秒）

镜头：精密播种机械播种，种子均匀分布。

旁白：介绍现代播种技术和优势。

段落三：农作物生长过程（20秒）

镜头：农作物从出苗到成熟的生长过程快进。

旁白：简述农作物生长的关键阶段和管理措施。

段落四：农业技术应用（20秒）

镜头：智能灌溉、无人机巡检、土壤检测。

旁白：介绍智能农业技术的应用及其效果。

段落五：收获与成果（20秒）

镜头：联合收割机收获农作物，金黄稻穗堆积如山。

旁白：强调丰收的意义和农业现代化成果。

3．结尾（10秒）

镜头：农民和农业工作人员满脸喜悦地查看丰收果实。

旁白：总结农业现代化的重要性，感谢观众的观看。

2. 分镜头脚本

分镜头脚本是一种详细规划每个镜头拍摄内容的脚本形式。它将视频内容拆分为一

系列具体的镜头，并为每个镜头提供详细的描述和指示。分镜头脚本通常包括以下几个要素：

（1）镜号：每个镜头按顺序编号。

（2）景别：一般分为远景、全景、中景、近景、特写等。

（3）技巧：包括镜头的运用，推、拉、摇、移、跟、升、降等，镜头的组合，淡出淡入、切换、叠化等。

（4）时长：每个镜头的拍摄时间，以秒（s）为单位。

（5）画面：详细写出画面里场景的内容和变化，简单的构图等。

（6）解说：按照分镜头画面的内容，以文字稿本的解说为依据，把它写得更加具体、形象。

（7）音乐：使用的音乐，应标明风格和起始位置。

（8）音响：也称为效果，用来营造身临其境的感觉，如铃声、鸟鸣等。

（9）备注：对镜头的备注和说明，例如特殊效果、注意事项等。

分镜头脚本适用于故事性强或需要精确控制和策划的短视频，如剧情短片、广告、宣传片等。通过详细规划每个镜头的拍摄内容，创作者可以确保视频制作的顺利进行，减少拍摄过程中的不确定性和浪费。

分镜头脚本实例：

农村风光类短视频分镜头脚本片段

镜号	景别	技巧	时长	画面	音乐（音响/解说词）	备注
1	全景	升	10秒	日出时分金黄色阳光洒在田野上	宁静的鸟鸣声，搭配轻柔的背景音乐	淡入
2	中景	固定	8秒	小河水流缓缓，水面泛起微波	潺潺流水声，持续轻柔的背景音乐	
3	近景	推	12秒	农家小院，鸡鸣狗叫，农民忙碌的身影穿梭其间	鸡鸣狗叫声，背景音乐逐渐加入一些活泼的节奏	从院门口推进到院内，关注农民的活动
4	远景	移	10秒	果园里硕果累累的树木，果实色彩鲜艳诱人	欢快的音乐，强调丰收的喜悦	
5	中景	跟	10秒	夕阳下金色光芒洒在乡间小道上，两侧是茂密的树木和花草	背景音乐渐变为宁静而浪漫的旋律，伴随着微弱的自然风声和虫鸣	跟随小道延伸的方向移动

3. 文学脚本

文学脚本是各种小说或者故事改版以后方便以镜头语言来完成的一种台本方式。给予创作者较大的创意空间，允许他们在文字中自由构思和表达故事情节和角色形象。它主要包括以下几个部分：

（1）场景描述：详细描绘故事发生的场景和环境，为观众营造逼真的视觉感受。

（2）角色对话：提供角色之间的对话内容，展现角色性格和推动故事发展。

（3）动作描述：描述角色的动作和表情，增强情节的生动性和真实感。

文学脚本不像分镜头脚本那么细致，适用于不需要剧情的短视频创作。例如，教学视频、测评视频、拆箱视频等。在拍摄过程中，文学脚本可以作为创作的灵感和指导，帮助团队更好地理解和呈现视频内容。

文学脚本实例：

乡村文化类短视频文学脚本

（一）外景，乡村，白天

阳光柔和地洒在青石板上，古树苍翠，微风拂面。古朴的乡村在晨曦中逐渐苏醒。

（二）外景，古祠堂前，白天

一座历经风霜的古祠堂，门前两只石狮庄严肃穆，屋檐上的木雕精细入微，泛着岁月的光泽。一位老人带着几个孩子在祠堂前驻足，手指轻轻触碰着门楣，仿佛在与历史对话。

（三）内景，传统民宅内，白天

竹编艺人坐在门前，娴熟地编织着手中的竹制品，周围摆放着各种精致的竹编作品。

艺人（微笑）：“孩子们，想学这门手艺吗？要用心去感受每一根竹条的灵动。”

孩子（好奇）：“爷爷，这个是怎么编出来的？我也想试试！”

艺人手把手地教孩子编织，孩子学得认真，眼神中透露出对技艺的渴望与敬仰。

（四）外景，乡村街道上，白天

村民们身着盛装，有的敲锣打鼓，有的翩翩起舞，脸上洋溢着欢乐的笑容。

村民甲（兴奋地）：“快看快看！那边的高跷队走过来了！”

村民乙（笑容满面）：“今年咱们村的节目真是精彩啊！”

孩子们在人群中穿梭嬉戏，不时地模仿着大人的动作和舞步，一片欢声笑语。

（五）外景，老树旁，白天

夕阳下的老树旁，几位长者围坐一起，其中一个老者正在绘声绘色地讲述着古时的传奇故事。孩子们聚精会神地听着，仿佛置身于那个遥远的世界。

老者（饱含感情地）：“那时候啊，咱们村里有个英雄叫张大勇……”

孩子（好奇地插话）：“张大勇？他后来怎么样了呢？”

老者挥手示意孩子们安静，继续沉浸在他的故事中；孩子们托腮凝听，眼神中充满了对未知的向往和好奇。

（六）外景，乡村，夜晚

一轮圆月悬挂在天边；乡村归于宁静之中，只留下微弱的灯火和远处传来的狗吠声；空气中弥漫着泥土的芬芳和炊烟的温暖味道。

镜头缓缓拉远并上升至高空视角；整个乡村在月光下显得格外宁静而美好；最后画面定格在一幅全景式的乡村夜景图中。

二、新农村短视频脚本形式选择

（一）基于内容类型的脚本形式选择

1. 农业生产类短视频

（1）推荐脚本形式：提纲脚本结合文学脚本。

（2）内容重点：展现农业生产过程、技术应用和成果展示。

（3）脚本特点：信息传递简洁明了，叙事表达丰富深入。

2. 农村风光类短视频

（1）推荐脚本形式：分镜头脚本。

（2）内容重点：展示农村自然风光、田园景观和季节变化。

（3）脚本特点：通过详细的镜头描述来呈现农村的美景和宁静氛围。

3. 乡村文化类短视频

（1）推荐脚本形式：文学脚本结合分镜头脚本。

（2）内容重点：介绍乡村传统文化、民俗活动和历史传承。

（3）脚本特点：文学脚本用于描述整体故事框架和文化内涵，分镜头脚本细化拍摄细节和场景呈现。

4. 农村生活类短视频

（1）推荐脚本形式：文学脚本结合提纲脚本。

（2）内容重点：展示农村日常生活、人物故事和乡情乡愁。

（3）脚本特点：注重描述场景和动作，以简洁明了的方式呈现农村生活的真实面貌。

5. 农产品推广类短视频

（1）推荐脚本形式：提纲脚本结合口播稿。

（2）内容重点：宣传推广农村特色产品、品牌建设和市场营销。

（3）脚本特点：拍摄提纲规划产品展示和特色介绍，口播稿用于强调产品卖点和吸引观众购买。

（二）基于团队状况的脚本形式选择

1. 团队人员分工明确

（1）推荐脚本形式：分镜头脚本。

（2）团队特点：每个团队成员职责明确，协作效率高。

（3）脚本优势：确保团队成员对拍摄内容和角色行为有清晰的理解和执行标准。

2. 团队人员身兼多职且全程参与

（1）推荐脚本形式：文学脚本。

（2）团队特点：团队成员具备多项技能，能够灵活应对不同拍摄需求。

（3）脚本优势：相对灵活，可根据团队实际情况调整，保持故事的连贯性和完整性。

3. 团队规模较小、分工不明确且资源有限

（1）推荐脚本形式：提纲脚本结合文学脚本。

（2）团队特点：人员数量有限，可能缺乏专业设备和拍摄经验。

（3）脚本优势：简洁明了的提纲脚本快速规划拍摄内容，文学脚本细化拍摄细节，确保在有限资源下呈现高质量短视频。同时，可以根据团队实际情况灵活调整脚本形式和内容重点，以适应不同类型的农村短视频创作需求。

三、如何挖掘和提炼乡村特色元素

在脚本策划写作过程中，挖掘和提炼乡村特色元素是至关重要的。以下是一些具体的方法。

1. 调研与资料收集

（1）文献调研：查阅乡村的地方志、历史文献、民俗资料等，了解乡村的历史变迁、文化传承、民俗风情等。

（2）实地考察：亲自走访乡村，观察乡村的自然景观、建筑风格、农田布局等，与村民交流，了解他们的生活方式、传统习俗等。

（3）专家咨询：请教当地的文化学者、历史学家、民俗专家等，获取他们对乡村特色元素的看法和建议。

2. 主题与定位分析

（1）确定主题方向：根据乡村的特色和亮点，确定视频的主题方向，如乡村风光、农耕文化、民俗活动等。确保主题具有吸引力和独特性。

（2）目标受众分析：明确视频的目标受众群体，如城市居民、旅游者、文化爱好者等。了解他们的需求和兴趣点，以便在脚本中更好地呈现乡村特色。

3. 深入挖掘特色元素

（1）自然景观：详细描述乡村的山水、田园、花木等自然景观，包括季节变化、光影效果等。考虑使用航拍、延时摄影等手法展现乡村的自然之美。

（2）人文建筑：对乡村的古建筑、历史遗址、民居等进行详细调研和记录。了解它们的历史背景、建筑风格、文化内涵等，考虑在脚本中融入相关故事和传说。

（3）民俗活动：深入了解乡村的传统节日、庆典活动、民间手工艺等民俗活动。参与其中，感受乡村文化的独特魅力，考虑在脚本中设置相关场景和情节。

（4）乡村美食：探索乡村的特色食材、烹饪方法和美食文化。了解当地的饮食习惯和美食故事，考虑在脚本中融入美食制作和品尝环节。

4. 创意提炼与融合

（1）元素筛选与组合：从挖掘到的乡村特色元素中筛选出最具代表性和吸引力的部分，进行创意组合和提炼。确保每个元素都能与主题紧密相连，共同构建一个有趣而完整的故事情节。

（2）情节构思与表现：根据筛选出的特色元素，构思新颖有趣的故事情节和表现手法。注重情节的连贯性和逻辑性，同时保持一定的惊喜和悬念。

（3）细节刻画与呈现：在脚本中对每个场景、人物和动作进行详细描述和刻画。注重细节的表现力，确保乡村特色元素在视频中得到准确而生动的展现。同时，考虑使用音乐、旁白等手法增强视频的艺术感和感染力。

四、新农村短视频脚本制作流程

1. 明确主题和目标

确立短视频的核心主题和具体目标，为后续的策划和制作提供明确方向。

2. 收集素材和灵感

收集与新农村相关的素材和灵感，包括图片、视频、音频、文字等。这些素材可以作为短视频的背景、配乐、画面等，为制作提供灵感和参考。

3. 撰写脚本

根据主题和目标，开始撰写短视频的脚本。脚本是短视频的蓝图，包括镜头、拍摄手法、时长、画面、解说词、音乐等要素。在撰写脚本时，需要注意以下几点：

（1）镜头描述要具体清晰，包括拍摄角度、景别、运动方式等。

（2）时长要合理分配，确保短视频的节奏紧凑。

（3）画面要与解说词相配合，呈现出完整的故事情节。

（4）音乐和音效要与画面和氛围相协调，增强观看体验。

4. 评审和修改脚本

完成脚本后，需要进行评审和修改。可以邀请团队成员或专业人士提出意见和建议，对脚本进行完善和优化。确保脚本内容符合主题和目标，同时具有吸引力和感染力。

第二节 新农村短视频的镜头设计

一、镜头语言的基础知识

（一）景别

景别是短视频中非常关键的构图要素，它决定了观众能够看到的画面范围。在新农村短视频中，可以利用5种基本的景别——特写、近景、中景、全景、远景，来展现新农村的风貌和特色。

1. 特写

拍摄人像的面部（肩膀以上）或局部的镜头，如图2-1所示。特写的造型感非常强，具有极其鲜明、强烈的视觉效果，可以把人或物从周围环境中强调出来，强制着观众用“凝视”的方法观看。特写可以用于捕捉细节，如农作物的纹理、村民的笑容等，能够产生强烈的视觉冲击力。

图2-1　特写

2. 近景

拍摄画面在人体胸部以上的称为近景。如图2-2所示。

近景是一种能够把人物或被摄主体拉近观众视线的景别。在这种景别中，人物的头部，特别是眼睛，会占据画面的大部分空间，从而吸引观众的注意力。近景适合用来细化人物的面部表情和情感变化，展现人物的内心世界。在近景中，背景环境被削弱，只起到辅助作用。有时候，摄影师会利用一些措施让背景变得模糊，这样可以让主体更加突出，更加清晰。

图2-2　近景

3. 中景

拍摄画面在人体膝部以上，是几乎最接近人类观察周围环境方式的景别。不仅能使观众看清人物表情，而且有利于显示人物的形体动作。如图2-3所示。

中景的广泛取景使得多个人物和他们的活动能够在同一画面中展现，这有助于揭示角色之间的关系。在电影中，中景占据了大部分比例，主要用于需要识别背景或展示动作路线的场景。利用中景，不仅可以增强画面的深度感，展现特定的环境和气氛，而且能够通过镜头的切换，有序地叙述冲突的发展过程。因此，常被用来讲述剧情。

图2-3　中景

4. 全景

可清楚地看到人的全身，画面包括人体的全部及周围部分环境称为全景，如图2-4所示。它能够展示人物的全身动作（如行走、跳舞、攀爬等），描绘事件的全貌，阐述时间、地点和时代特征，同时也有助于展现人与环境的关系，有助于表现新农村的全貌。

图2-4　全景

5. 远景

远景是指把整个人和所在环境都拍摄在画面里面的景别，常用来标识事件发生的时间、环境、规模和气氛。在远景中，人物在画面中的大小通常不超过画面高度的一半，用于展示开阔的场面或广阔的空间。因此，这种画面在视觉上更为广阔和深远，节奏也较为舒缓，通常用于展示广阔的田野、山脉等自然景色或远处的人物，能够给观众带来宏大的视觉体验。

大远景比远景视距更远，适于展现更加辽阔深远的背景和浩渺苍茫的自然景色。这类镜头，或者没有人物，或者人物只占很小的位置，犹如中国的山水画，着重描绘环境的全貌，给人以整体感觉。大远景在影片中主要用以介绍环境、渲染气氛，如图2-5所示。

图2-5　大远景

（二）景深

景深，是指在摄影机镜头或其他成像器前沿能够取得清晰图像的成像所测定的被摄物体前后距离范围。在景深之内的影像比较清晰，在景深外的影像则比较模糊，如图2-6所示。

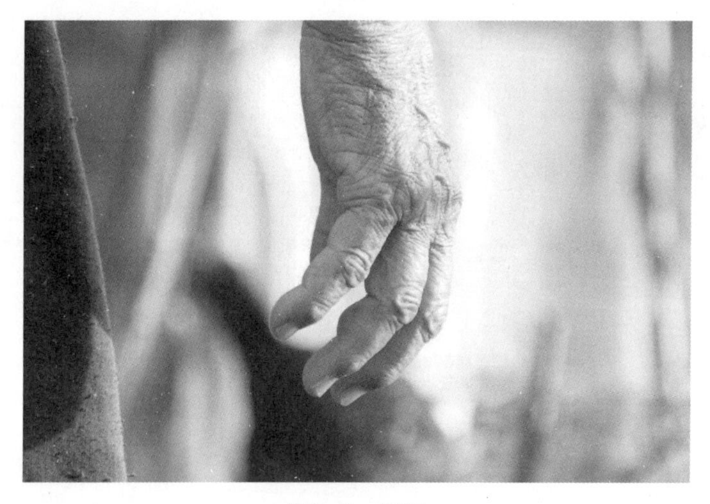

图2-6　景深

景深通常由物距、镜头焦距以及镜头的光圈值决定。光圈越大、镜头焦距越长、主体越近景深越浅，反之景深越深。在新农村短视频中，可以利用景深来突出主体，如使用浅景深来模糊背景，突出前景中的主体。

二、拍摄角度的选择与运用

拍摄角度是指拍摄人物、事件或动作的角度，包括拍摄高度、拍摄方向和拍摄距离三部分，统称为几何角度。除此之外，还有心理角度、主观角度、客观角度和主客角度。

在拍摄现场选择和确定拍摄角度是摄影师的工作重点，不同的角度可以得到不同的造型效果，具有不同的表现功能。无论是大俯大仰，还是纪实再现或夸张表现均有特殊的表现意义。

（一）拍摄方向

拍摄方向是指以被摄对象为中心，在同一水平面上围绕被摄对象四周选择摄影点。在拍摄距离和拍摄高度不变的条件下，不同的拍摄方向可展现被摄对象不同的侧面形象，以及主体与陪体、主体与环境的不同组合关系变化。拍摄方向通常分为：正面拍摄、侧面拍摄、斜面拍摄、背面拍摄。

1. 正面拍摄

正面拍摄是指摄像机镜头与对象的视平线或中心点一致，直接对准被摄主体进行拍摄，如图2-7所示。这种拍摄角度的特点是画面给人一种庄重的感觉，构图具有对称的美感。它适合用来捕捉壮观的建筑物，展示其正面全貌；在拍摄人物时，能够较为真实地展现人物的正面形象。然而，正面拍摄的缺点是立体感不强。因此，通常需要通过场面的布置来增加画面的纵深感。

图2-7　正面拍摄

2. 侧面拍摄

侧面拍摄是指与被摄对象侧面呈垂直角度的拍摄位置，用以展现对象的侧面形象，如图2-8所示。侧面拍摄分为左侧和右侧两种位置。在人像摄影中，侧面拍摄有助于勾勒对象的侧面轮廓。对于客观对象而言，许多物体只有通过侧面角度才能清晰地展现其外貌，例如人行走时的身影、各种车辆的外观以及特定工具的特性。在这样的情况下，侧面拍摄能更好地凸显对象的特色。相比于正面角度，侧面角度拍摄更为灵活，可以在垂直角度的左右进行微调，以找到能最好地展现对象侧面形象的拍摄位置。

图2-8　侧面拍摄

3. 斜面拍摄

斜面拍摄指的是偏离正面角度，或者从左侧或右侧环绕对象移动到侧面角度之间的拍摄位置。斜面拍摄角度位于正面拍摄和侧面拍摄之间，如图2-9所示。斜面拍摄能够在一个画面中同时展现对象的两个面，给人以鲜明的立体感。

图2-9 斜面拍摄

4. 背面拍摄

背面拍摄则是指从被摄主体的背后进行拍摄，此时被摄对象的正面朝向的环境空间成为背景，如图2-10所示。这种拍摄方式常用于制造悬念感和参与感，例如在一些犯罪题材的电影中，观众往往无法看到演员的表情，因此，对演员的表现产生更大的兴趣。

图2-10 背面拍摄

（二）拍摄高度

拍摄高度是指摄影机与拍摄对象所处的水平线之间的距离，可以用拍摄者站立在地平面上的平视角为依据，或以相机镜头与拍摄对象所处的水平线为依据。

1. 平摄

摄影（像）机与被摄对象处于同一水平线的一种拍摄角度，如图2-11所示。平摄常用

图2-11　平摄

于展示日常场景或常人所见的视角，给人一种亲近和真实的感觉。通过平摄，观众可以更直接地参与到场景中，与对象进行情感上的共鸣和交流。平摄还有助于展现对象的细节和环境，营造出稳定和平衡的画面效果。无论是电影、纪录片还是广告等形式的影像作品中，平摄都是常用的拍摄角度之一，能够为观众提供身临其境的观影体验。

2. 仰摄

摄影（像）机从低处向上拍摄的一种角度，适用于拍摄高处的景物，能够使景物显得更加高大雄伟，如图2-12所示。仰摄常用于代替影视人物的视角，可表达对英雄人物的歌颂或对某种对象的敬畏。有时可表达为被摄对象之间的高低位置。由于透视关系，仰摄镜头使画面中的水平线降低，从而改变了前景和后景中物体的高度对比，使处于前景的物体得到突出和夸大的效果，从而创造出独特的艺术效果。

图2-12　仰摄

3. 俯摄

摄影（像）机由高处向下拍摄的一种角度，给人以低头俯视的感觉。俯摄镜头视野开阔，用来表现浩大的场景，如图2-13所示。

采用高角度拍摄时，画面中的水平线抬高，周围环境得到更为充分的展示，而前景中的物体投射在背景上，给人一种被压迫至地面的感觉，使其显得矮小而压抑。有时俯摄镜头可被应用于展现反面人物的可憎渺小或揭示人物的卑劣行径。

图2-13　俯摄

三、拍摄距离的控制与运用

拍摄距离指相机和被摄体间的距离。拍摄距离决定了画面中主体的大小和背景的展现范围。在新农村短视频中，可以通过调整拍摄距离来控制画面的构图和视觉效果。

近距离拍摄：能够突出主体的细节和特点，使观众更加关注主体本身。

中距离拍摄：能够平衡主体与背景的关系，使画面更加和谐统一。

远距离拍摄：能够展现广阔的场景和多个主体之间的关系，有助于表现新农村的整体风貌和特色。

四、拍摄对象的择取与运用

（一）主体和陪体

1. 主体

主体可以是人也可以是物也可以是一种现象，一般视频内容重点拍摄的东西就是主体，之后所有的拍摄内容都是围绕着这个主体展开的，所有的情节都是用来服务它的。

2. 陪体

用来突出主体的，具有为主体增加立体空间感、均衡画面的作用。

主次分明的摄影画面，才会使主题更加明确。主体与陪体的关系既相互矛盾又相互依存，主体是重点拍摄和表现的物体，是画面的重点、构图的期望点，更是主题思想的主要表现者。主体在画面中的位置会影响到画面的美感平衡。所以主体在画面中应处于主导地位。将它放在画面中心或是放在画面的黄金分割点上，这样就能一目了然了，如图2-14所示。

图2-14　主体在画面中应该处于主导地位

（二）如何突出主体

1. 利用大小对比

在任何一个大小均匀的构图中，足以打破均匀的那一部分，具有最大的吸引力。所以，要使主体变得引人注目，可以有意选择一些与主体相比显得更大一些，或者更小一些的陪体来作对比，主体会更加突出。如图2-15所示。

图2-15　利用大小对比

2. 利用明暗对比

通过增加画面中主体物的明亮度或者周围环境的暗度来营造出一种明暗对比强烈的效果，从而使得主体物在画面中更加醒目、突出。这种手法可以让观众的视线更容易被吸引到主体物上，增强视觉冲击力和画面的层次感，如图2-16所示。

图2-16 利用明暗对比

3. 利用质感对比

利用质感对比突出主体，是指利用画面中不同材质物体的表现力，来强调主体的特征和美感。比如，皮肤的柔嫩或粗糙、首饰的光泽、玻璃的透明、钢铁的硬重、丝绸的飘逸等。不同的质感可以形成视觉上的对比，让主体更加引人注目，也更容易传达出摄影者想要表达的情绪和主题，如图2-17所示。

图2-17 利用质感对比

4. 利用形状对比

当两种外表形状不同的物体并存于同一画面中时，其相互之间具有明显的烘托作用，并起到突出主体的功效，如图2-18所示。

图2-18　利用形状对比

5. 利用色彩对比

俗话中常说道“红花虽好，绿叶不可少”，这话极其精辟地说明了色彩对比对于突出主体具有很大的作用。确实，红花只有在绿叶的衬托下才能更显其艳丽。推而广之，凡在色相上处于对比色彩的物体，都有相互烘托、陪衬的作用，如图2-19（彩插1）所示。

图2-19　利用色彩对比

6. 利用方向对比

画面中，物体方向的改变引起的差异具有强大的吸引力。因为，只要主体的方向与衬体的线条方向相悖，即可把人们的视线吸引向那里，如图2-20所示。

7. 利用情绪对比

拍摄人物时，除了可以采用上述方法来达到突出主体的目的，还可以利用被摄者所流露出的不同情绪来进行对比，从而起到烘托主角的作用，如图2-21所示。

8. 利用框格突出主体

在摄影中，利用框格能够有效地衬托、突出主体。这是因为框格与主体之间存在着较大的差异（无论是色彩、外形还是虚实），而差异会使人们的注意力集中起来，如图2-22所示。

图2-20 利用方向对比

图2-21 利用情绪对比

图2-22 利用框格突出主体

第三节　新农村短视频的构图技巧

一、画面构图的定义

画面构图是指在摄影、绘画、电影等艺术形式中，通过选择和安排元素在画面中的位置、大小、形状等方式，创造出视觉上有吸引力和平衡感的图像。它是用来传达意图、表达情感和引导观众目光的重要工具。

二、常用的构图法

1. 中心构图法

中心构图法是将拍摄主体放置在画面中心，如图2-23所示。这种构图的优势在于使主体更加突出、清晰，同时也可以让画面达到左右平衡的效果，适于严肃、庄重和装饰性的画面表达。

图2-23　中心构图

2. 水平线构图法

水平线构图法是通过将水平线放置在画面的特定位置来创造出稳定和平衡的效果的一种构图方法。使用水平构图能够给人以延伸感，通常运用在场面开阔的风景中，如图2-24所示。

3. 垂直线构图法

垂直线构图法指以垂直线形式进行构图。垂直线构图常被应用于拍摄高大建筑物、树木、柱子等具有垂直元素的场景中。这种构图方式能够传达出垂直的力量感和稳定感，为作品注入一种垂直且有力的美感，如图2-25所示。

图2-24　水平线构图

图2-25　垂直线构图

4. 三分构图法

三分构图法，也称黄金分割法，如图2-26所示。在这种方法中，需要将场景用两条竖线和两条横线分割，这样可以得到4个交叉点，将画面重点放置在4个交叉点中的一个即可，如图2-27所示。

图2-26　三分构图

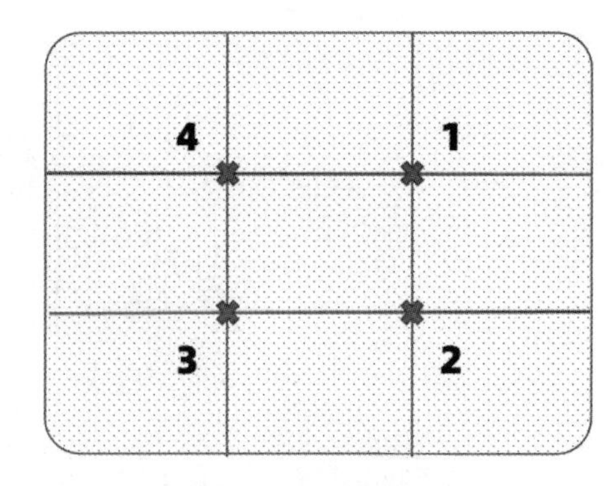

图2-27　井字构图

5. 对称构图法

对称构图即按照一定的对称轴或对称中心，使画面中的景物形成轴对称或者中心对称。常用于拍摄建筑、隧道等，给观众以稳定、安逸、平衡的感觉，如图2-28所示。

6. 对角线构图法

对角线构图是指主体沿画面对角线方向排列，旨在表现出动感、不稳定性或生命力，给观众更强烈的视觉冲击。这种构图大多用于秒速环境，很少用于表现人物，如图2-29所示。

图2-28　对称构图

图2-29　对角线构图

7. 引导线构图法

引导线构图法是指通过运用线条的走向和排列来引导观众的目光，创造出流动性、动感和视觉引导的一种构图。这些线条可以是实际存在的物体，如道路、河流、树枝等，也可以是虚拟的线条，例如建筑物的轮廓、街道的走向等，如图2-30所示。

图2-30　引导线构图

8. 框架构图法

框架构图法是指通过将环境中的元素放置在一个或多个框架内，以增强画面的深度感、层次感和焦点的一种构图，如图2-31所示。这种构图方式可以为画面添加一种自然而有趣的边界，突出主题并引导观众的目光。

图2-31　框架构图

9. 重复构图法

重复构图法是指通过在画面中重复出现相似的元素或模式，以增强视觉效果和表达意义的一种构图，如图2-32所示。这种构图方式可以创造出一种统一感和节奏感，使画面更加有组织和平衡。

构图方法并不是一成不变的，一个镜头通常会杂糅几种不同的构图方法，所以将基本构图方法熟记于心，并经常观察、实践，才是提高构图能力最好的办法。

图2-32　重复构图

第四节 新农村短视频的色彩搭配技巧

一、光线的类型与特性

（一）光线的类型

1. 光线本身

根据光线本身进行分类，分为硬光和柔光。

硬光，亦称直射光，指的是直接照射的强烈光线，如图2-33所示。太阳是最为明显且最容易获得的硬光源。在人像拍摄中，硬光效果通常不被青睐，会导致人物面部出现昏暗的阴影和凸显皮肤瑕疵等。在视频中硬光常用于营造出恐怖、严肃或神秘的氛围。

柔光，亦称非直射光，指的是经过折射、反射和散射后形成的光线，它的特点是温和柔软。柔光源常使人脸更加柔和，当光线环绕着轮廓和形态时，很少产生显著的阴影。在视频中运用柔光也传达一种温暖、友善或浪漫的感觉。

图2-33 硬光

2. 光线作用

根据光线作用可分为主光和辅光，二者在布光过程中被频繁运用。主光和辅光之间强度的比例称为光比，即画面中被摄体主要受光面亮度与阴影面亮度的比值。光比对照片的反差起着重要作用。

主光：指在拍摄画面中起主要作用的光线，占据画面大部分空间。

辅光：指在拍摄画面中起辅助、次要作用的光线，占据画面较小部分，但起到重要作用。

3. 光线位置

根据光源与被摄主体和摄像机水平方向的相对位置，可以将光线分为顺光、侧光、逆光3种基本类型；而根据三者纵向的相对位置（指光照方向与地平线的高低角度），又可分为顶光、俯射光、平射光及仰射光4种光线。

（1）顺光。当相机和光源位于同一方向，正对被摄体时，被摄体朝向镜头的一面可以获得充足的光线，从而使得被摄体轮廓更加清晰，如图2-34所示。根据光线的角度不同，顺光分为正顺光和侧顺光。

正顺光是指直接沿着镜头的方向照射到被摄体上的光线。当光源和相机位于同一高度时，面向摄像机镜头的部分可以完全接收到光线，使其没有任何阴影。使用这种光线拍摄的影像，主体的对比度会降低，缺乏立体感。

侧顺光是指从相机左侧或右侧侧面射向被摄主体的光线。侧顺光是在拍摄过程中的一种理想光线，使用单光源摄像时效果更佳。通常建议使用25°～45°侧顺光进行照明，即相机与被摄主体之间的连线和光源与被摄主体之间的连线形成25°～45°的夹角。此时，面对相机的被摄主体部分受光，并出现部分投影。这种光线能够更好地展现人物的面部表情和皮肤质感，同时保证了被摄主体的亮度和明暗对比，使其更具立体感。

（2）侧光。相机与被摄主体位于同一方向，光源在其侧面，光线从侧方照射到被摄物体，如图2-35所示。此时，被摄主体正面一半受到光线的照射，产生修长的影子和明显的投影，具有较强的立体感。但由于明暗对比强烈，侧光不适合表现具有细腻质感的主体。

图2-34　顺光　　　　图2-35　侧光

（3）逆光。相机与光源相对，光线照射在被摄物体的正背面或侧后方，如图2-36所示。逆光光线变化多且反差大，被摄主体的大部分处于阴影中，具有较强的表现力。在拍摄前进行测光和曝光，可以呈现更好的视觉效果，有利于表现立体感和空间感。

（4）顶光。相机与被摄主体处于同一方向，光源位于被摄物体的正上方，如图2-37所示。顶光通常突出人或物上半部的轮廓，将主体与背景隔离开。但是，由于光线从上方照射在主体的顶部，会使景物显得过于平面化，缺乏立体感和层次感，色彩效果不佳，因此，这种光线很少被运用。特别是在人像拍摄中，正午的顶光会使人物的鼻子、眼袋下面出现很重的阴影。

（5）俯射光。相机与被摄主体处于同一方向，光源在稍微高于主体和地面呈30°～45°的位置，如图2-38所示。俯射光不仅可以为被摄主体正面提供足够的光照，还增强了立体感，同时不会形成过于明显的阴影。

（6）平射光。相机与被摄主体处于同一方向，光源几乎平行于地平线，如图2-39所示。平射光光线较为柔和，它能照亮物体的侧面，由此产生的阴影比较长。

（7）仰射光。相机与被摄主体处于同一方向，光源置于主体之下向上照射，如图2-40所示。仰射光可以制造一种阴森恐怖的效果，可用于刻画反面人物的阴险可憎。

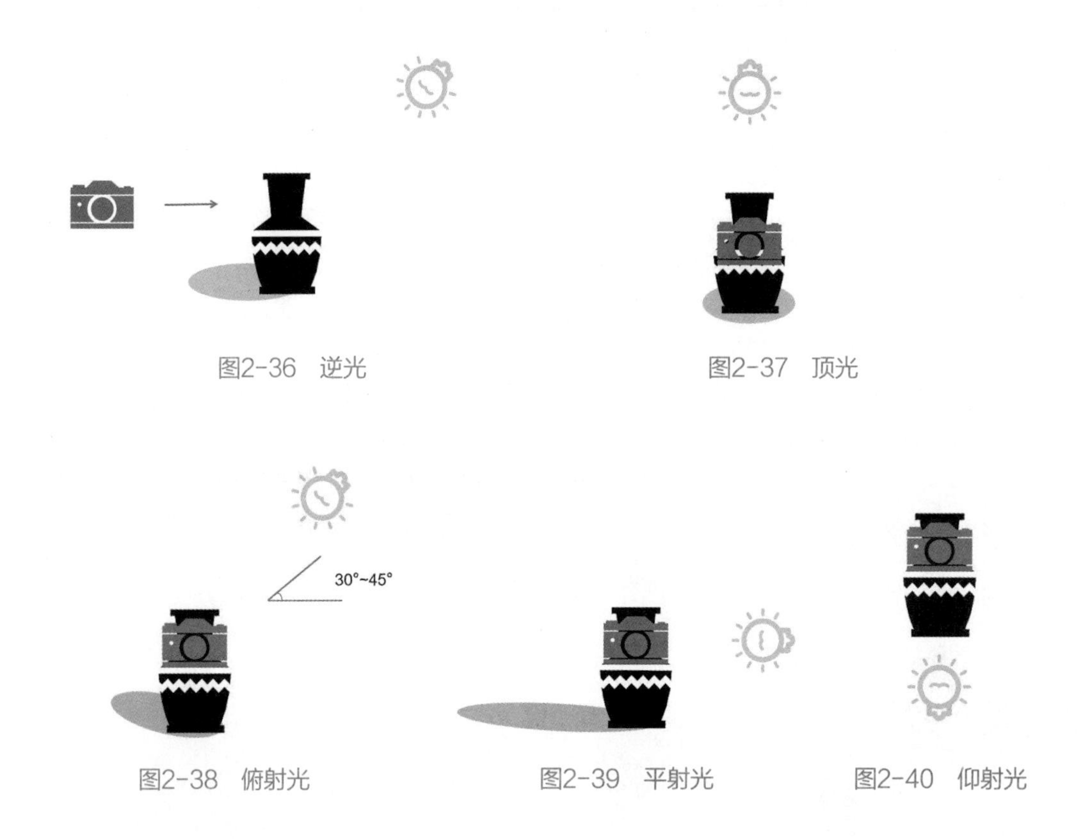

图2-36 逆光

图2-37 顶光

图2-38 俯射光

图2-39 平射光

图2-40 仰射光

（二）光线的特性

光线具有三大特性，光强、光质、方向和色温。特性的不同决定了光的不同，也就决定了摄影效果的不同。光质和光的方向在上一知识点详细介绍，此处不再另作介绍。

1. 光的强度

光强就是光的照射强度，光线的强度越高，被摄主体就越明亮，其表面的色彩、纹理等细节就越清晰。光强与光源能量和拍摄距离有关，光源的能量越高，距离光源越近，光的强度也越高，被摄体越明亮。例如，当拍摄时光源的亮度变为原来的2倍时，或当拍摄镜头与光源的距离变为原来的1/4时，光线的强度就变为原来的2倍。

光线的强度还会随着季节和时间等因素而发生变化。一年中的春季和夏季，光线的强度相对较强，而在秋季和冬季，光线的强度则相对较弱。一天中的中午时分，光线会比较强烈，而在早上和晚上，光线则相对较暗，如图2-41所示。

图2-41　光强

2. 光的色温

光的色温是指与光源的色温相等或相近的完全辐射体的热力学温度，光线在不同温度下表现出不同的光线颜色，单位用热力学温度K来表示。图2-41为不同光线对应的不同色温值。

视频1
光的色温

不同色温的光线会表现出不同的颜色，给观众以不同的情绪感受，如图2-42（彩插2）所示。不同色温的光可以分为3种类型：暖色光、中性光和冷色光。

暖色光的色温在3300K以下，这时光线中红橙光较多，给人以温暖、活力和舒适的感觉，常用于拍摄黄昏、日出等场景，如图2-43（彩插3）所示。

中性光的色温在3300～5300K，这时的光线纯洁明亮，给人以愉快、积极的感觉，如图2-44（彩插4）所示。

冷色光的色温在5300K以上，这时光线中蓝色光较多，给人以清爽、冷静的感觉，常用于拍摄一些需要冷静、沉稳的场景，如图2-45（彩插5）所示。

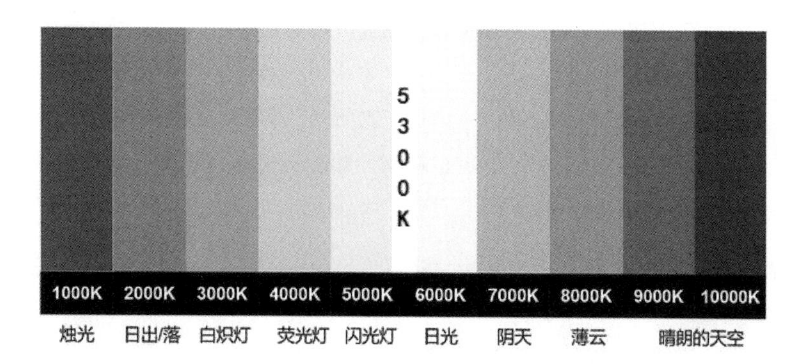

图2-42　不同光线对应的不同色温值

图2-43　暖色光

图2-44　中性光

图2-45　冷色光

二、色彩的属性与感觉

（一）色彩的三大属性

1. 色相

色相是指各种颜色的相貌，是色彩的基本属性之一。每一种色相都代表一种颜色，例如红色、黄色、蓝色等。通常以太阳光谱的几种标准色作为参考，这些标准色就是几种不同的色相，如图2-46（彩插6）所示。

不同的色相可以传达不同的信息，表达不同的情感。例如，绿色是大自然的草木之色、主宰色，因而被赋予希望生命、和平的象征意义，如图2-47（彩插7）所示。而紫色作为一

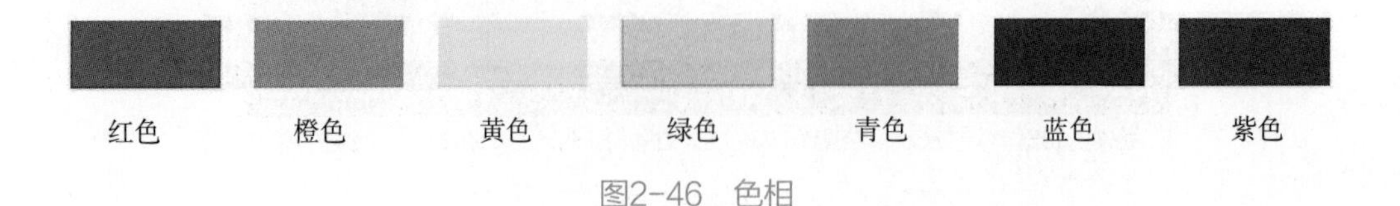

图2-46　色相

种神秘的冷静色，是高贵、庄重之色。纯度高的紫色有恐怖感，可以用来渲染恐怖、紧张的气氛，如图2-48（彩插8）所示。

色相环是一种圆形排列的色相光谱，它按照光谱在自然中出现的顺序来排列各种颜色。红、绿、蓝是色相环的基础颜色，是光的三原色。把一个圆分成24等份，把三原色放在三等份上，再将相邻两色等量混合多次，可得到24色相环。24色相环的相邻色相间距为15°，如图2-49（彩插9）所示。

图2-47　绿色

图2-48　紫色

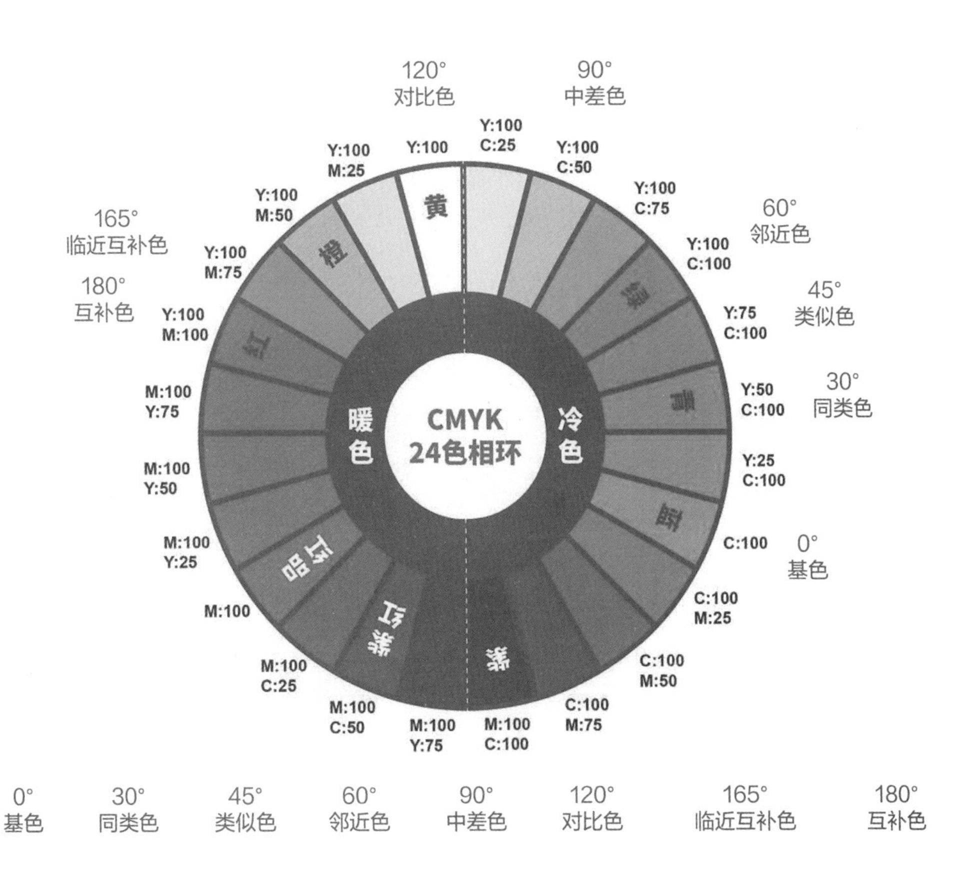

图2-49　24色相环

知识拓展

根据不同的色彩模型，三原色有不同的定义。

在颜料或染料中，三原色通常指的是红、黄、蓝 3 种颜色。这 3 种颜色的颜料或染料以不同的比例混合，可以调配出各种其他的颜色。这种色彩模型被广泛应用于绘画、印刷等领域。

在光学中，三原色指的是红、绿、蓝 3 种颜色的光，这 3 种颜色的光以不同的比例混合，可以呈现出几乎所有的颜色。这种色彩模型（RGB）被广泛应用于电视、显示器等电子设备中。本教材中所指三原色，就是光的三原色。

拍摄中，一个画面常蕴含着多种色相，需要考虑其中的搭配，常见的配色有互补色、对比色、邻近色、同类色。

互补色是指色环中相隔180°的任意两色。互补色的色相对比最为强烈，画面相较于对比色更丰富、更具有感官刺激性，如图2–50（彩插10）所示。

对比色是指色相环中相隔120°～150°的任意两色。对比色相搭配是色相的强对比，效果鲜明、饱满，给人以兴奋、激动的感觉，如图2–51（彩插11）所示。

邻近色是指色相环中相隔60°～90°的任意两色。邻近色对比属于色相的中对比，可保持画面的统一感，又能使画面显得丰富、活泼，如图2–52（彩插12）所示。

类似色是指色相环中90°角内相邻接的任意两色。类似色由于色相对比不强，可以产生柔和协调的感觉，呈现柔和质感。同类色是指色相环中相隔15°以内的任意两色。同类色色彩差别很小，常给人单纯、统一、稳定的感受。两者都是色相对比不强的搭配，使用时按需选择，如图2–53（彩插13）所示。

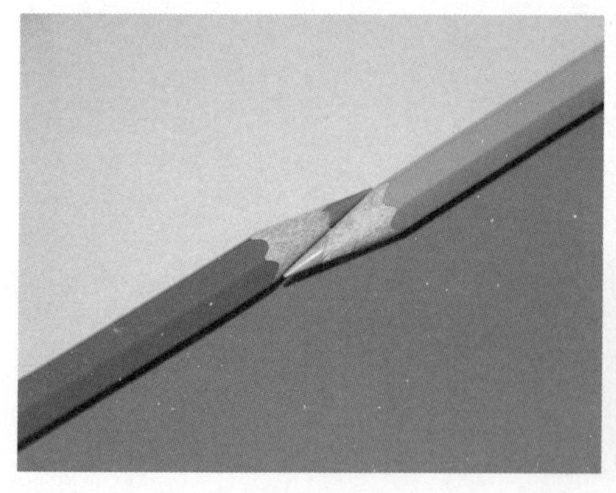

图2–50　互补色

图2–51　对比色

2. 纯度

纯度指色彩的纯净程度，表示颜色中所含有色成分的比例。含有色彩成分的比例越大，则色彩的纯度越高；含有色成分的比例越小，则色彩的纯度也越低，如图2–54（彩插14）所示。

纯度的运用起着决定画面吸引力的作用。纯度越高，色彩越鲜明、生动、醒目，具有较强的视觉冲击力和冲突性；纯度越低，色彩越朴素、典雅、安静和温和。因此，常用高纯度的色彩作为突出主题的色彩，用低纯度的色彩作为衬托主题的色彩，也就是以高纯度的色彩做主色，低纯度的色彩做辅色。

3. 明度

明度指色彩的明亮程度，即颜色的深浅、明暗变化，如图2-55（彩插15）所示。

同一色相的不同明度，如同一颜色在强光照射下显得明亮，而在弱光照射下显得较灰暗模糊，如图2-56（彩插16）所示。不同色相有着不同的明度，如黄色明度最高，蓝、紫色明度最低，红、绿色为中间明度。

图2-52　邻近色

图2-53　类似色

图2-54　纯度

图2-55　明度

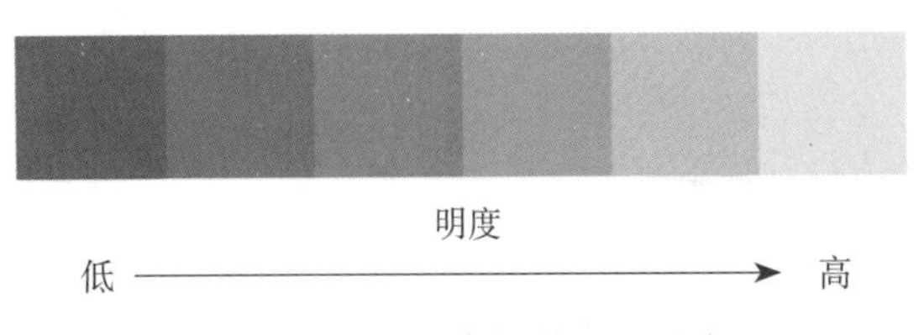

图2-56　同一色相的不同明度

（二）色彩的感觉

1. 色彩联想

当人们感受到色彩的时候，会凭借其阅历和生活体验联想到具体的事物或抽象的概念。一般幼年多是“具象联想”，看到红色就会想到苹果、太阳、火、血等。随着年龄的增长，“抽象联想”不断提升，看到红色可能会感受到热情、喜气、温暖、勇敢和革命等。色彩联想见表2-1。

表2-1　色彩联想

色别	具象联想	抽象联想
白	雾、白兔、砂糖、雪	清洁、圣洁、清楚、纯洁、洁白、纯真、神秘
灰	阴天、混凝土、阴雨	阴郁、绝望、忧郁、荒废、沉默、死亡
黑	煤、夜、头发、墨	死亡、刚健、悲哀、坚实、严肃、冷淡、阴郁
红	苹果、太阳、红旗、血、口红	热情、革命、危险、热烈、鄙俗
橙	橘子、柚子、橙子、肉汁、砖	焦躁、温情、丰收、喜欢、华美
褐	土、树干、巧克力、皮箱、栗子	雅致、古朴、沉静、素雅、坚实
黄	香蕉、向日葵、菜花、月、雏鸟	明快、泼辣、希望、光明
绿	树叶、山、草、草坪、嫩叶	青春、和平、跃动、希望、公平、理想
蓝	天空、海洋、水、海、湖	无限、永恒、理智、冷淡、平静、悠久
紫	葡萄、桔梗、茄子、紫藤	高尚、古朴、优雅、高贵、优美

2. 色彩象征

不同的色彩有不同的性格特征，也象征各种情绪，任何事物都有两面性，色彩也不例外，色彩象征分为积极象征和消极象征，色彩象征见表2-2。

表2-2　色彩象征

色别	积极象征	消极象征
白	纯洁、洁白、诚实、无私、神圣	缅怀、悲哀、惨淡、死亡、空虚
灰	平静、朴实、淡泊、谦虚、和谐	沉闷、平凡、中庸、消极、平淡
黑	力量、严肃、永恒、毅力、意志	哀悼、黑暗、恐惧、罪恶、吞噬
红	热情、喜庆、吉祥、兴奋、革命	敬畏、危险、残酷、血腥、伤害
橙	光明、华丽、富裕、成熟、甜蜜	冲动、傲慢、焦躁
黄	光明、纯真、活泼、轻松、高贵	蔑视、诱惑、任性
绿	和平、生命、希望、青春、舒适	平庸、嫉妒、刻薄
蓝	理智、深邃、博大、永恒、真理	保守、冷酷、漠视、忧伤、内向
紫	高贵、瑞祥、虔诚、神秘、庄重	压抑、傲慢、哀悼

3. 色彩的心理效应

色彩的直接心理效应来自色彩的物理光刺激对人的生理产生的直接影响。

自19世纪中叶以后，心理学家已经从哲学转入科学范畴，更注重实验所验证的色彩心理学。心理学家对此曾做过许多实验，他们发现，在红色的环境中，人的脉搏会加快，血压有所上升，情绪兴奋冲动。而处在蓝色的环境中，脉搏会减缓，情绪也比较沉静。有的科学家发现，颜色能刺激脑电波，脑电波对红色反应是警觉，对蓝色反应是放松。

不少色彩理论中对此都做过专门介绍，这些经验向人们明确地肯定了色彩对人心理的影响。冷色和暖色是依据心理错觉对色彩的物理性分类，对于色彩的物质性印象大致由冷暖两个色系产生。波长长的红光和橙、黄色光，本身具有暖和感，因此，光照射到任何色都会有暖和感。相反，波长短的紫色光、蓝色光、绿色光，有寒冷的感觉。夏日，当关掉屋内的白炽灯，打开日光灯，就会有一种变凉爽的感觉。冬日把卧室窗帘换成暖色，就会增加室内的暖和感。颜料也是如此，在冷食或是冷饮的包装上使用冷色，视觉上就会让人们对这些食物感到冰冷。

以上的冷暖感觉，并非来自物理上的真实温度，而是和人们的视觉与心理联想有关。总的来说，人们在日常生活中既需要暖色又需要冷色，在色彩的表现上也是如此。

冷色与暖色除了给人们温度上的不同感受，还会带来其他一些感受如重量感、湿度感等。比方说，暖色偏重冷色较轻；暖色有密度强的感觉，冷色有稀薄的感觉。两者相比较，冷色的透明感更强，暖色透明感则较弱；冷色显得湿润，暖色显得干燥；冷色有很远的感觉，暖色则具有迫近感。

由于暖色有前进感，冷色有后退感，在狭窄的空间中，若想它显得宽敞，应该使用明亮的冷调。而如果在狭长的空间中远处两壁涂以暖色，近处两壁涂以冷色，空间感就会从心理上更接近方形。

除去冷暖色系具有明显的心理区别外，色彩的明度和纯度也会引起色彩物理印象的错觉。一般来说，颜色的重量感主要取决于色彩的明度，暗色给人重的感觉，明色给人轻的感觉。纯度和明度变化给人以色彩软硬的印象，如淡的色彩使人觉得柔软，暗的纯色则有刚硬的感觉。

练习题

一、选择题

❶ 常见的短视频脚本形式包括（ ）

A. 提纲脚本　　B. 分镜头脚本

C. 文学脚本　　D. 画面脚本

❷ 新农村短视频脚本形式选择可以基于以下哪些因素（ ）

A. 基于天气　　B. 基于内容类型

C. 基于团队状况　　D. 基于创作者喜好

❸ 新农村短视频拍摄剪辑的基本景别包括（ ）

A. 特写、近景　　B. 中景

C. 全景　　D. 远景

④ 以下关于拍摄角度表述正确的是（　　）

A. 正面拍摄是指摄像机镜头与对象的视平线或中心点一致，直接对准被摄主体进行拍摄。

B. 侧面拍摄是指与被摄对象侧面呈垂直角度的拍摄位置，用以展现对象的侧面形象。

C. 斜面拍摄指的是偏离正面角度，或者从左侧或右侧环绕对象移动到侧面角度之间的拍摄位置。

D. 背面拍摄则是指从被摄主体的背后进行拍摄，此时被摄对象的正面朝向的环境空间成为背景。

⑤ 关于远距离拍摄表述正确的是（　　）

A. 近距离拍摄能够突出主体的细节和特点，使观众更加关注主体本身。

B. 近距离拍摄能够平衡主体与背景的关系，使画面更加和谐统一。

C. 近距离拍摄能够展现广阔的场景和多个主体之间的关系。

D. 近距离拍摄使用长焦镜头来捕捉距离较远的主体。

⑥ 以下构图法在拍摄建筑、隧道等景物时表现出色，它能够使画面中的景物形成轴对称或中心对称，为观众带来稳定、舒适以及平衡的视觉感受（　　）

A. 水平线构图法　　B. 垂直线构图法

C. 三分构图法　　D. 对称构图法

⑦ 根据光源与被摄主体和摄像机水平方向的相对位置，可以将光线分为（　　）

A. 顺光　　B. 逆光

C. 侧光　　D. 顶光

二、判断题

① 脚本作为短视频的拍摄提纲、框架，能提高短视频拍摄的效率，使拍摄流程标准化。（　　）

② 光圈越大、镜头焦距越长、主体越近景深越深，反之景深越浅。（　　）

③ 正面拍摄是指摄像机镜头与对象的视平线或中心点一致，直接对准被摄主体进行拍摄。这种拍摄角度的特点是画面给人一种庄重的感觉，构图具有对称的美感。它适合用来捕捉壮观的建筑物，展示其正面全貌。（　　）

④ 相比于正面角度，侧面角度拍摄更为灵活，可以在垂直角度的左右进行微调，以找到能最好地展现对象侧面形象的拍摄位置。（　　）

⑤ 使用三分构图法需要将场景用两条竖线和两条横线分割，这样可以得到4个交叉点，将画面重点放置在4个交叉点中的一个即可。（　　）

⑥ 色相是指各种颜色的相貌，是色彩的基本属性之一。不同的色相可以用来传达不同的信息，表达不同的情感。（　　）

⑦ 互补色是指色相环中相隔120°~150°的任意两色。对比色相搭配是色相的强对比，效果鲜明、饱满，给人以兴奋、激动的感觉。（　　）

模块 3

新农村短视频的拍摄与制作

模块导读

短视频的拍摄与制作是将前期策划设计转化为实际画面的关键环节。拍摄过程中，摄影师可以通过专业的技巧和艺术感，将新农村的美景、文化和生活状态真实地呈现在观众面前。而制作过程则是对这些素材的精细加工，通过剪辑、音效、字幕等手段，可以使视频内容更加生动、有趣，更能引起观众的共鸣。本模块详细介绍新农村短视频拍摄与制作相关知识，致力于培养读者独立完成高质量新农村短视频的综合能力。

学习目标

知识目标：

（1）掌握新农村短视频拍摄的原理和方法。

（2）了解短视频的常见格式、术语及其特点。

（3）熟悉视频编辑软件Premiere的界面、工具和功能。

能力目标：

（1）能够依据脚本独立完成新农村短视频的拍摄。

（2）能够熟练运用Premiere软件对新农村短视频进行剪辑、特效添加和音频调整等后期处理。

（3）能够根据实际需求，选择合适的新农村短视频格式进行导出和分享。

素养目标：

（1）养成团队协作与沟通能力，共同完成新农村短视频任务。

（2）激发创新审美思维，创作有魅力的新农村短视频。

（3）树立严谨态度与责任心，保障短视频制作的高质高效。

第一节 新农村短视频的拍摄

一、器材准备

（一）拍摄器材

常用的短视频拍摄器材有手机、相机和摄像机等。

1. 手机

短视频创作已经成为一种流行的表达方式，越来越多的人用手机拍摄短视频，并分享到各种短视频平台。这些平台也提供了方便的短视频拍摄、编辑功能，让人们都能轻松制作出有趣的短视频，如图3-1所示。

随着智能手机的更新迭代，手机拍摄的视频质量也有了很大的提升，现在的手机都具备了4K视频、光学变焦、光学防抖、超广角、弱光摄影等功能，可以满足日常的短视频拍摄需求。

手机拍摄短视频有很多优势，比如手机操作简单，不需要太多的参数设置，适合初学者使用；方便携带，可以随时随地拍摄自己喜欢的场景；画质清晰，尤其是在光线充足的情况下，可以拍出自然、美观的短视频。

图3-1　手机

不同品牌的手机拍摄短视频也有不同的特点，比如苹果手机的色彩还原度高，更接近真实，方便后期编辑；国产手机则有很多滤镜效果，可以拍出鲜艳的风景和美颜的人物，减少后期处理的工作。用户可以根据自己的喜好和需求选择合适的手机拍摄设备。

当然，手机拍摄短视频也有一些局限性，比如手机摄像头的清晰度、感光度、防抖度都不如专业的拍摄设备，对于一些复杂的拍摄场景可能无法达到理想的效果。

2. 相机

单反相机是短视频拍摄的常用设备之一，与摄像机相比，单反相机更轻巧、更经济；与手机相比，单反相机画质更高、更专业，如图3-2所示。

使用单反相机进行视频拍摄需要了解两个概念：分辨率和帧速率。

（1）分辨率。在拍摄视频之前要进行分辨率的选择，常见的分辨率有以下几种：720P（1280×720）、1080P（1920×1080）、2K（2048×1080）和4K（4096×2160）。分辨率越高画质越清晰，占用的储存空间就越大。

（2）帧速率。帧速率是指每秒能够播放或录制的帧数，其单位是帧/秒（fps）。帧速率越高，画面效果越流畅，占用内存就越大。在拍摄短视频前要选择视频制式，其中就包含了帧速率的选择。目前主要有两种视频制式：一种是欧洲等国家和我国使用的视频标准——PAL，即50fps作为720P高清视频的标准帧速率，25fps作为广电标准帧速率；另一种是美国等国家的视频标准——NTSC，即60fps作为720P高清视频的标准速率，30fps作为广电标准帧速率。一般来说，12fps拍摄出来的短视频已经很流畅了，如果视频画质要求不高，为了存储空间可以不设置过高的帧速率。

图3-2　单反相机

3. 摄像机

数码摄像机作为专用的视频拍摄设备，在稳定性、拍摄画质等方面都有十分出色的表现，如图3-3所示。因此，拍摄电视节目、电影等常常会使用摄像机。如果需要制作更加精良的短视频，就必须用摄像机。摄像机更加昂贵、笨重，

图3-3　摄像机

而且为了保证拍摄质量和效果，通常还要搭配更多配件，比如摄像机电源、摄像机电缆、摄影灯、彩色监视器、三脚架等，便携性大大降低。

（二）辅助器材

1. 灯光

在短视频拍摄中，光线是非常重要的影响因素，是构图、造型的重要手段。光线不同，产生的艺术效果就不同，给人的感觉也不同。常见的拍摄灯光有镝灯、LED灯、荧光灯、钨丝灯，如图3-4所示。如果拍摄场景的环境比较明亮，也可以使用手机自带的灯光进行补光和柔化。

图3-4　常用拍摄灯光

2. 收音设备

（1）专业话筒。专业话筒是用于拍摄短视频时获取高质量音频的标配设备。传统的有线话筒如Shotgun话筒、Lavalier（领夹）话筒是常见选择。它们具有良好的音频接收能力和抗干扰能力，能够准确捕捉拍摄者的声音。

（2）手持录音设备。手持录音设备（例如便携式音频录音机或数码录音笔）是另一种常见的选择。它们具有内置或可外部连接的麦克风，可以用于录制环境音、采访声音或采集其他音频素材。这些设备小巧便携，方便在不同情境下进行录音。

（3）无线话筒。无线话筒系统是通过无线传输技术将录音设备与话筒连接起来，避免了有线话筒的限制。拍摄者可以自由移动而不用担心被线缠绕，适用于行动拍摄或需要灵活录音的场景。

（4）同步录音设备。当需要对视频拍摄中的声音进行更高质量的录制和处理时，同步录音设备将会派上用场。它们能够与摄像机进行连接，实现音频和视频的同步记录，通常包括使用专业话筒和多轨录音功能。

（5）手机或平板电脑。现代智能手机或平板电脑通常内置麦克风和录音功能，可以用作简单的录音设备。配合适当的录音软件，如专业音频应用程序，可以获得不错的音频质量。

（6）耳机。耳机用于听取和评估录音效果。

（7）防喷罩和支架。防喷罩可以防止唾液或呼出的气流直接喷到麦克风上，影响录音效果。支架则可以固定麦克风，防止因手持不稳而引起的噪声。

（8）音频处理器。音频处理器用于处理录音信号，例如混响、均衡、压缩等处理，以达到更好的录音效果。

3. 相机脚架

相机脚架是摄影人员必备的辅助工具之一，能够提供稳定的拍摄平台，帮助摄影师更好地捕捉每一个精彩瞬间。常见的相机脚架有很多种，比如单脚架、三脚架、章鱼支架等，其中三脚架是最常见的，也是最实用的一种，如图3-5所示。

在使用三脚架时，要选择合适的高度和位置。一般来说，三脚架的高度应该与摄影师的胸部高度相当，这样可以更好地支撑相机，避免出现晃动的情况。同时，在选择位置时，应该选择平坦、坚实的地面，以避免三脚架倾斜或者下沉的情况。其次，在使用三脚架时，要注意将三个脚调整到合适的位置。一般来说，三个脚应该分开成稳定的三角形，这样可以更好地支撑相机。同时，要注意将脚尖指向拍摄点，以避免出现相机倾斜的情况。

4. 手持稳定器

如果是需要用手拿着手机拍摄短视频的话，那么可以考虑使用手持稳定器，能够稳定手持手机的抖动，从而使得运镜更加流畅，拍摄出来的画面也不会抖来抖去，从而给予观众更好的观看体验，如图3-6所示。

手持相机稳定器的使用技巧在于，要培养一种行走意识，让稳定器尽量处于一个稳定的状态。行走时要注意避免空载开机，确保安装好相机/手机等拍摄设备后再启动稳定器。调平俯仰轴时，要确保无论转动稳定器上的相机至任意角度，在该角度下均可保持静止。同时，摄影师要保持稳定器离身体不过远，以减少力气消耗。在拍摄过程中，可以90°垂直握持稳定器以抵消垂直方向的抖动。通过这些技巧，手持相机稳定器可以发挥其最大的增稳作用，帮助摄影师拍摄出更加稳定、清晰的画面。

图3-5　三脚架

图3-6　手持稳定器

二、运动镜头

所谓运动镜头，是指在拍摄画面时，通过运动的拍摄设备机位变化，让画面产生动感的方式进行的拍摄，如图3-7所示。

按镜头的运动方式，主要分为推、拉、摇、移、跟、升、降等类型。一个完整的运动镜头包括起幅、运动过程和落幅3个部分。从起幅到落幅的过程，能够使观看者不断调整自己的观看范围，从而产生一种身临其境之感。

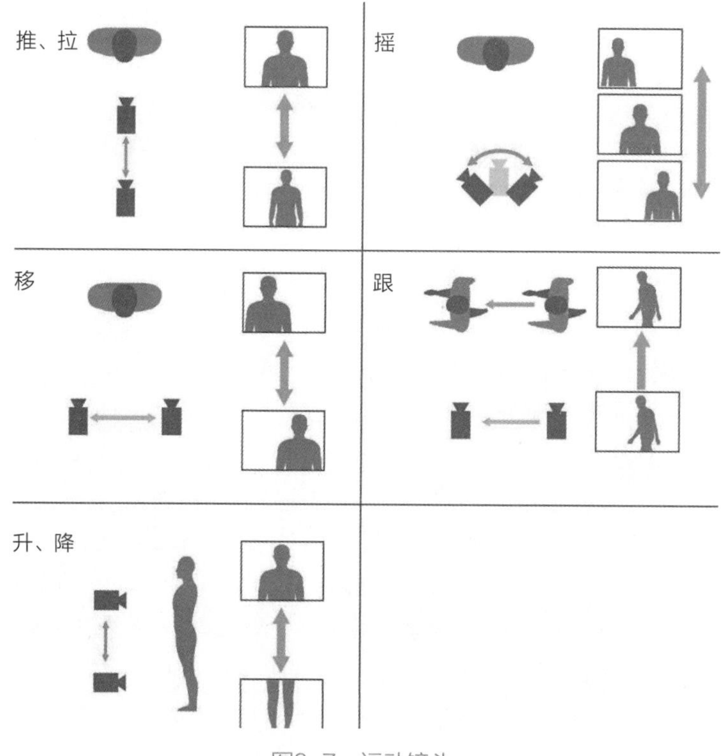

图3-7　运动镜头

1. 推镜头

在被摄对象位置不变的情况下，拍摄设备向前缓缓移动或急速推进的镜头。用推镜头，使银幕的取景范围由大到小，画面里的次要部分逐渐被推移画面之外，主体部分或局部细节逐渐放大，占满银幕。在景别上也由远景变为全、中、近景甚或特写。此种镜头的主要作用是突出主体，使观众的视觉注意力相对集中，视觉感受得到加强，造成一种审视的状态。它符合人们在实际生活中由远而近、从整体到局部、由全貌到细节观察事物的视觉心理。

2. 拉镜头

与推镜头的运动方向相反，摄影由近而远向后移动离开被摄对象；取景范围由小变大，被摄对象由大变小，与观众距离也逐步加大。画面的形象由少变多，由局部变为整体。在景别上，由特写或近、中景拉成全景、远景。拉镜头的主要作用是交代人物所处的环境。

3. 摇镜头

拍摄设备不作移动，借助活动底盘使摄影镜头上下左右，甚至周围的旋转拍摄，犹如人的目光顺着一定的方向对被摄对象巡视。摇镜头能代表人物的眼睛，看待周围的一切。它在描述空间、介绍环境方面有独到的作用。左右摇常用来介绍大场面，上下直摇又常用来展示高大物体的雄伟、险峻。摇镜头在逐一展示、逐渐扩展景物时，还使观众产生身临其境的感觉。

4. 移镜头

拍摄设备沿着水平方向做左右横移拍摄的镜头。移镜头是机器自行移动，不必跟随被摄对象。它类似生活中的人们边走边看的状态。移镜头同摇镜头一样能扩大银幕二维空间映像能力，但因机器不是固定不变，所以比摇镜头有更大的自由，它能打破画面的局限，扩大空间视野，表现广阔的生活场景。

5. 跟镜头

拍摄设备跟随被摄对象保持等距离运动的移动镜头。镜头始终跟随运动着的主体，有特别强的穿越空间的感觉，适合连续表现人物的动作、表情或细节的变化。

6. 升降镜头

拍摄设备借助升降装置等一边升降一边拍摄的方式叫升降拍摄，用这种方式拍摄到的画面叫升降镜头。

（1）升降镜头的画面造型特点。

①升降镜头的升降运动带来了画面视域的扩展和收缩。

②升降镜头视点的连续变化形成了多角度、多方位的多构图效果。

（2）升降镜头的功能和表现力。

①升降镜头有利于表现高大物体的各个局部。

②升降镜头有利于表现纵深空间的点面关系。

③升降镜头常用以展示事件或场面的规模、气势和氛围。

④利用镜头的升降，可以实现一个镜头内的内容转换与调度。

⑤升降镜头的升降运动可以表现出画面内容中感情状态的变化。

三、外景布光

对被摄体而言，拍摄时所受到的照射光线往往不止一种，各种光线有着不同的作用和效果。

（一）光型

外景布光时光型通常分为主光、辅光、轮廓光、装饰光和背景光5种。

1. 主光

主光是被摄主体的主要照明光线，对于被摄主体的形态、轮廓和质感的呈现起着决定性作用。主光的位置和角度一旦确定，画面的基调也就随之确定。对于一个被摄主体来说，主光应该只有一个。如果同时使用多个光源作为主光，则无法区分主次光源，还会产生多个主光相互干扰的情况，使画面混乱无序。

2. 辅光

辅光的主要功能是提高主光照射不到的阴影部位的亮度，使暗部也呈现出一定的细节和层次，同时降低影像的明暗对比。在使用辅光时，必须明确一点，辅光的强度必须小于主光的强度，否则，就会导致主次不分的效果，并且在拍摄主体上形成明显的辅光投影。

3. 轮廓光

轮廓光是用来勾勒拍摄主体轮廓的光线，它可以赋予拍摄对象立体感和深度感。通常，逆光和侧逆光会被用作轮廓光，而且轮廓光的亮度或强度通常会高于主光的强度。深色背景有助于轮廓光的突出和视觉效果。

4. 装饰光

装饰光主要用于对拍摄主体的部分细节进行修饰或增强，以展现出更丰富的层次感。装饰光通常为窄光，人像摄影中的眼神光、发光以及商品摄影中首饰品的耀斑等。

5. 背景光

背景光是照射背景的光线，它的主要作用是衬托被摄主体、渲染环境和气氛。自然光和人造光都可用作背景光，背景光的用光一般宽而软，并且均匀，不破坏整个画面的协调性和主体造型。

（二）布光方式

1. 三点式

三点式布光通常用于拍摄较小的场景，需要使用三盏灯，分别是主光、辅光与轮廓光。主光通常放置在主体的前侧或正侧方，以使得光线能自然地照射在主体上。辅光放置在主光的相对侧，以填充主光留下的阴影。轮廓光从一侧照亮主体的边缘，使得主体边缘更加鲜明，如图3-8所示。

图3-8　三点式布光法

2. 单点式

单点式布光通常将光源放置在拍摄对象的正前方或正上方，以形成一个明亮的照明区域。这种布光方式常用于拍摄人像、静物等需要突出表现对象细节和形态的场景。

在单点式布光中，光源的位置和照射角度需要根据拍摄对象的特点和拍摄需求进行调整。例如，在拍摄人像时，通常将主光源放置在摄影师的偏侧面，以形成阴影和高光区域，从而突出人物的面部轮廓和表情。同时，还可以通过调整光源的照射角度和亮度，来控制照明区域的亮度和对比度。

3. 全景式

全景式布光通常用于拍摄较大的场景，如演播室、会议室等。这种布光方式注重对整个场景的照明，以呈现场景的完整性和细节。

在全景式布光中，通常使用多台灯光设备，分别放置在场景的不同位置，以实现对整个场景的均匀照明。主光源通常放置在场景的前方或上方，以提供主要的照明，而辅助光源则放置在场景的侧面或后方，以增加阴影和高光区域的表现。

第二节　新农村短视频的格式与术语

一、剪辑常用术语

1. 项目

在剪辑软件中制作视频的第一步就是创建项目。在项目中，对视频作品的规格进行定义，如帧尺寸、帧速率、像素纵横比、音频采样、场等，这些参数的定义会直接决定视频作品输出的质量及规格。

2. 像素纵横比

像素纵横比是组成图像的像素在水平方向与垂直方向之比。帧纵横比是一帧图像的宽度和高度之比。计算机产生的像素是正方形，电视所使用图像的像素是矩形。在影视编辑中，视频用相同帧纵横比时，可以采用不同的像素纵横比，例如，帧纵横比为4：3时，可以用1.0（方形）的像素比输出视频，也可以用0.9（矩形）像素比输出视频。以PAL制式为例，以4：3的帧纵横比输出视频时，像素纵横比通常选择1.067。

你知道吗?

随着手机的普及和各短视频平台的兴起，9∶16纵横比的视频广泛出现在大家面前，成为主流的视频展现形式之一。它的普及主要体现在：

首先，9∶16的视频纵横比完美地适应了现代手机用户的观看习惯。由于绝大多数用户习惯竖屏使用手机，因此，9∶16的竖屏视频能够为用户提供更加舒适和自然的观看体验。这种格式不仅方便用户单手握持和操作手机，还能有效减少因横屏操作而带来的不便。

其次，9∶16的纵横比使得视频内容更加聚焦和突出。在竖屏模式下，视频内容通常会被集中在屏幕中央，从而更容易吸引观众的注意力。此外，这种格式也更适合展示单人或单物为主体的内容，如舞蹈、小品、美食、旅游、宠物等，使得这些主体在画面中更加突出和生动。

再者，从用户体验的角度来看，9∶16的视频纵横比也有助于提高用户的参与度和互动性。由于竖屏视频更加便于用户在社交媒体上进行分享和传播，因此，它们更容易引发用户的讨论和互动。这种互动性不仅增强了用户的参与感，还有助于提升视频的传播效果和影响力。

此外，随着短视频和直播等新型媒体形式的兴起，9∶16的视频纵横比也逐渐成为这些平台的主流格式。这种格式的普及有助于推动新型媒体形式的发展和创新，为用户提供更加丰富和多样的内容选择。

最后，从创作角度来看，9∶16的纵横比也为创作者提供了更多的创作空间和可能性。他们可以利用这种格式的特点，创作出更加具有创意和个性的视频作品，吸引更多观众的关注和喜爱。

3. SMPTE时间码

在视频编辑中，通常用时间码来识别和记录视频数据流中的每一帧。从一段视频的起始帧到终止帧，其间的每一帧都有唯一的时间码地址。根据电影与电视工程师协会（SMPTE）使用的时间码标准，其格式是："时:分:秒:帧"，用来描述剪辑持续的时间。若时基设定为30/秒，则持续时间为00:02:50:15的剪辑表示它将播放2分50.5秒。

4. 帧和场

帧是构成视频的最小单位，每一幅静态图像称为一帧。因为人的眼睛具有视觉暂留现象，所以一张张连续的图片会产生动态画面效果。而帧速率是指每秒能够播放或录制的帧数，其单位是帧/秒（fps）。传统电影播放画面的帧速率为24fps，NTSC制式规定的帧速率为29.97fps（一般简化为30fps），而我国使用的PAL制式的速率为25fps。

场是指视频的一个垂直扫描过程，分为逐行扫描和隔行扫描。电视画面是由电子枪在屏幕上一行一行地扫描形成的，电子枪从屏幕最顶部扫描到最底部称为一场扫描。若一帧图像是由电子枪顺序地一行接着一行连续扫描而成，则称为逐行扫描。若一帧图像通过两场扫描完成是隔行扫描，在两场扫描中，第一场（奇数场）只扫描奇数行，依次扫描1、3、5行而第二场（数场）只扫描偶数行，依次扫描2、4、6行。

二、常见音频、视频格式

（一）常用的音频文件格式（表3-1）

表3-1　常用的音频文件格式

格式	压缩比	音质	硬件支持	综合性能
MP3	中等	中等	广泛	较好
AAC	高	优秀	广泛	高
OGG	中等	良好	一般	较好
WAV	无损	高	广泛	高（大文件）
FLAC	无损	高	良好	高（大文件）
APE	无损	高	一般	高（大文件）
WMA	中等	中等	较好	一般
AIFF	无损	高	MAC平台	一般（大文件）

1. MP3格式

MP3（MPEG-1 Audio Layer 3）是一种广泛使用的音频压缩格式。它通过将音频信号进行编码和压缩，实现了较小的文件体积，同时保持较好的音质。MP3格式具有广泛的硬件和软件支持，适用于音乐下载、在线播放和移动设备等场景。

2. AAC格式

AAC（Advanced Audio Coding）是一种高效的音频压缩格式，广泛应用于苹果公司的产品和一些其他媒体播放设备。AAC格式在保持较高音质的同时，实现了比MP3更小的文件体积，适合在线播放和移动设备使用。

3. OGG格式

OGG（Ogg Vorbis）是一种开源的、免费的音频压缩格式。它提供了比MP3更高的音质和更小的文件体积，因此，被广泛应用于网络音频传输和媒体播放。

4. WAV格式

WAV（Waveform Audio File Format）是微软开发的一种音频文件格式，被广泛应用于Windows平台。它是一种无损音频格式，能够保留原始音频数据的完整性，因此，音质较高。然而，WAV文件通常体积较大，不适合用于网络传输或移动设备存储。

5. FLAC格式

FLAC（Free Lossless Audio Codec）是一种无损音频压缩格式。与WAV格式相比，FLAC在保持音频数据完整性的同时，通过高效的压缩算法减小了文件体积，适合需要高质量音频存储的用户。

6. APE格式

APE（Monkey's Audio）是一种流行的数字音乐无损压缩格式，诞生于2000年，由Matthew T. Ashland创造。这种格式以更精炼的记录方式来缩减文件体积，同时确保还原后的数据与源文件一样，从而保证了文件的完整性。

7. WMA格式

WMA（Windows Media Audio）是微软公司推出的一种用于Internet的音频格式。即使在较低的采样频率下也能产生较好的音质，它支持音频流技术，适合在线播放。

8. AIFF格式

AIFF（Audio Interchange File Format）是一种文件格式存储的数字音频（波形）的数据，应用于个人电脑及其他电子音响设备以存储音乐数据。

（二）常用的视频文件格式（表3-2）

表3-2　常用的视频文件格式

格式	特点	压缩效率	文件大小	兼容性	应用场景
AVI	图像质量好，跨平台使用，调用方便	中等	较大	良好	广泛使用，早期视频格式
WMV	独立于编码方式，网络实时传播	较高	中等	较好	网络视频传播
MP4	广泛支持，高质量压缩	高	中等偏小	广泛	便携设备，网络视频
MOV	高压缩比，跨平台性	较高	中等偏小	广泛	高清视频封装
FLV	导入Flash方便，网络播放速度快	较高	较小	良好	在线视频网站
RM/RMVB	根据网络速率调整压缩比，内置字幕	中等	中等偏小	良好	网络视频资源
ASF	本地或网络回放，可扩充媒体类型	中等	中等	良好	微软平台视频

1. AVI格式

AVI（Audio Video Interleave）是微软公司1992年推出的，将语音和影像同步组合在一起的文件格式，它可以将视频和音频交织在一起进行同步播放。AVI的分辨率可以随意调整，窗口越大，文件的数据量也就越大。AVI主要应用在多媒体光盘上，用来存储电视、电影等各种影像信息。

2. WMV格式

WMV（Windows Media Video）是微软公司推出的一种流媒体格式，是一种独立于编码方式的、可在Internet上实时传播的多媒体技术标准。在同等视频质量下，WMV格式的体积非常小，因此，很适合在网上播放和传输。

3. MP4格式

MP4（MPEG-4 Part 14）是一种广泛使用的视频文件格式，它支持多种编码标准和分辨率，具有高度的压缩效率和良好的画质。MP4文件可以在多种设备上播放，包括电脑、手机、平板等，因此，深受用户喜爱。MP4格式常用于在线视频流媒体、电影、电视节目以及个人视频录制等场景。

4. MOV格式

MOV（Quick Time Movie）也叫QuickTime格式，是苹果公司开发的一种视频格式，在图像质量和文件大小处理方面具有很好的平衡性，不仅适合在本地播放而且适合作为视频流在网络中播放。在一般剪辑软件中需要安装QuickTime播放器才能导入MOV格式视频。

5. FLV格式

FLV（Flash Video）是基于Adobe Flash技术的视频文件格式。由于其形成的文件极小、加载速度极快，使得网络观看视频文件成为可能。FLV格式广泛应用于在线视频网站和流媒体平台，为用户提供流畅的视频播放体验。

6. RM/RMVB格式

RM（Real Media）和RMVB（Real Media Varible Bitrate）是由RealNetworks公司开发的一种视频格式。RM使用恩尼戈尼压缩算法，而RMVB则是在RM基础上进一步发展而来的，采用了可变比特率的压缩技术。它在网络传输和流媒体播放方面表现出色，能够提供相对较高的视频质量和压缩比。适合用于在线视频和流媒体。

7. ASF格式

ASF（Advanced Streaming Format）是微软公司开发的一种可以直接在网上观看视频节目的流媒体文件压缩格式，可以一边下载一边播放。它使用了MPEG-4的压缩算法，所以在压缩率和图像的质量方面都非常好。

第三节　用 Premiere 剪辑新农村短视频

在新农村短视频制作中，剪辑软件扮演着至关重要的角色。新农村短视频的制作流程涉及拍摄、剪辑、特效处理、音频美化等环节，而Premiere作为一款专业的视频编辑软件，能够提供完整且高效的解决方案。本书以Premiere 2022作为主要剪辑工具。

一、Premiere 2022介绍

（一）工作界面

视频3
Premiere 2022工作界面介绍

Premiere 2022的界面主要包括综合区域、监视器区域、“时间轴”面板，以及工具栏和音波表，工作界面如图3-9所示，在素材编辑工作中，通过对窗口中各面板的操作来完成影视作品的制作，下面介绍工作界面中各部分的名称及功能。

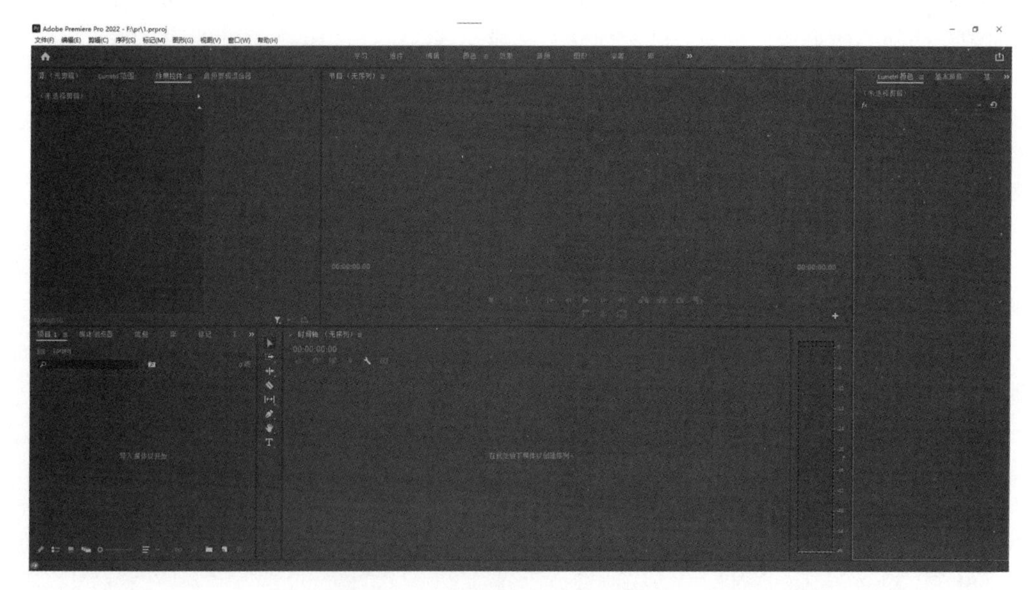
图3-9　Premiere 2022工作界面

1. 菜单栏

Premiere 2022的主要功能都可以通过执行菜单栏中的命令来完成，使用菜单命令是最基本的操作方式，主菜单如下。

（1）文件：主要是创建、打开和保存项目，采集、导入外部视频素材，输出影视作品等操作命令。

（2）编辑：提供对素材的编辑功能，例如还原、复制、清除、查找等。

（3）剪辑：主要用于对素材的编辑处理。包含了重命名、移除效果、插入和覆盖等命令。

（4）序列：主要用于在“时间轴”面板上预染素材，改变轨道数量。包含了序列设置、渲染入点到出点的效果、添加轨道和删除轨道等命令。

（5）标记：主要用于对标记点进行选择、添加和删除操作。包含了标记剪辑、添加标记、转到下一标记、清除所选标记和编辑标记等命令。

（6）图形：可以从Typekit在线安装字体，可安装、导出动态图形模板，新建图层，选择上一个图形、选择下一个图形等。

（7）窗口：主要用于显示或关闭Premiere 2022软件中的各个功能面板。

（8）帮助：提供了程序应用的帮助命令、支持中心和管理扩展等命令。

2. “项目”面板

在Premiere 2022中，“项目”面板位于左下角的综合面板中，如图3-10所示，“项目”板可以存放建立的序列和导入的素材，面板上部区域会显示选择素材的缩略图和基本信息，下方为文件存放区域，可以对序列与素材文件进行导入与管理。

图3-10　“项目”面板

3. “时间轴”面板

“时间轴”面板如图3-11所示。在“时间轴”面板中，图像、视频和音频素材有组织地编辑在一起，加入各种过渡、效果等，就可以制作出视频文件，其最主要的功能之一就是序列间的多层嵌套，也就是可以将一个复杂的项目分解成几个部分，每一部分作为一个独立的序列来编辑，各序列编辑完成后，再统一组合为一个总序列，形成序列间的嵌套。灵活应用嵌套功能，可以提高剪辑的效率，能够完成复杂庞大的影片编辑工程。“时间轴”面板为每个序列提供一个名称标签，单击序列名称就可以在序列之间切换，如图3-12所示。

4. “工具”面板

“工具”面板提供了编辑影片的常用工具，如图3-13所示。

5. “监视器”面板

“监视器”面板是实时预览影片和剪辑影片的重要面板，由两部分组成，如图3-14所

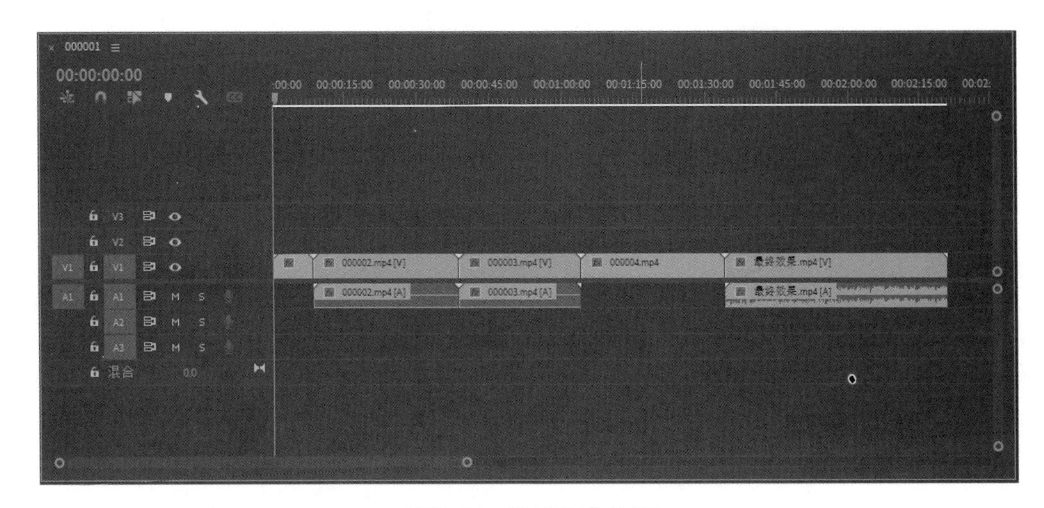

图3-11　“时间轴”面板

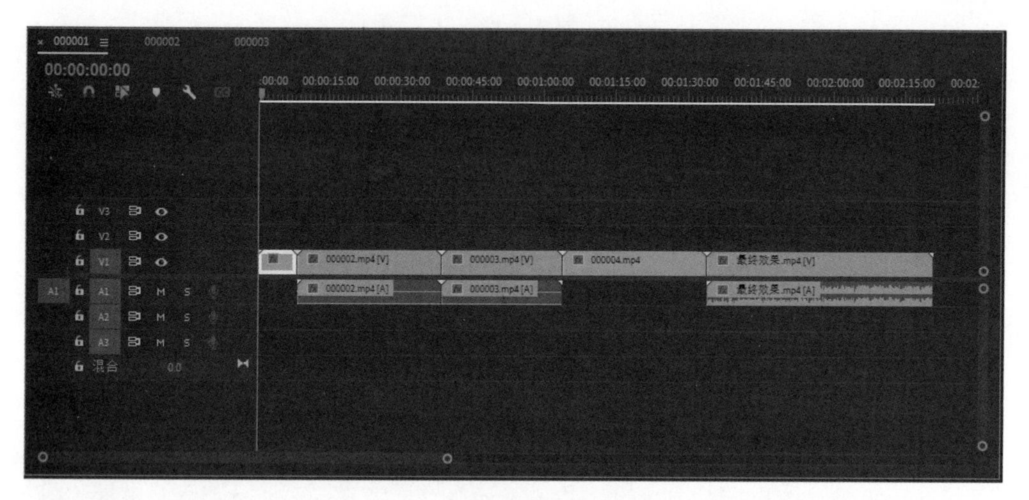

图3-12 “时间轴”面板上的序列

图3-13 “工具”面板

图3-14 “监视器”面板

示。左边是“源”监视器面板，主要用于对素材的浏览与粗略的编辑。右边是“节目”监视器面板，用于预览时间轴面板上正在编辑或已经完成编辑的节目效果。

6. “效果控件”面板

“效果控件”面板用于控制对象的运动、不透明度、时间重映射以及效果的设置，如图3-15所示。

7. “音频剪辑混合器”面板

“音频剪辑混合器”面板是一个专业的完善的音频混合工具，利用它可以混合多段音频，进行音量调节以及音频声道的处理等，如图3-16所示。

8. “效果”面板

“效果”面板如图3-17所示，包括预设、Lumetri 预设、音频效果、音频过渡、视频效果、视频过渡。

9. “信息”面板

在“信息”面板中，主要显示被选中素材及过渡的相关信息，如图3-18所示。用鼠标在“项目”面板或“时间轴”面板上单击某个素材或过渡，在“信息”面板中就会显示出被

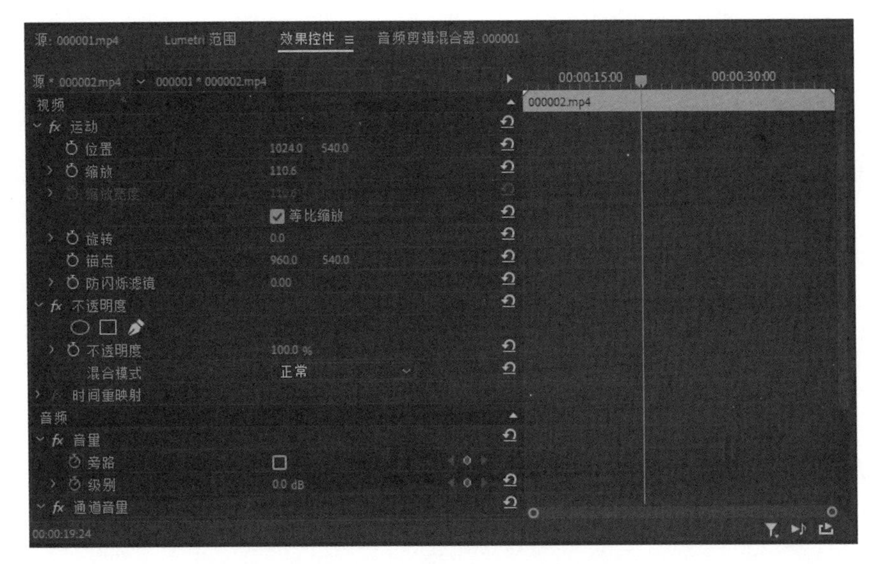

图3-15 “效果控件”面板

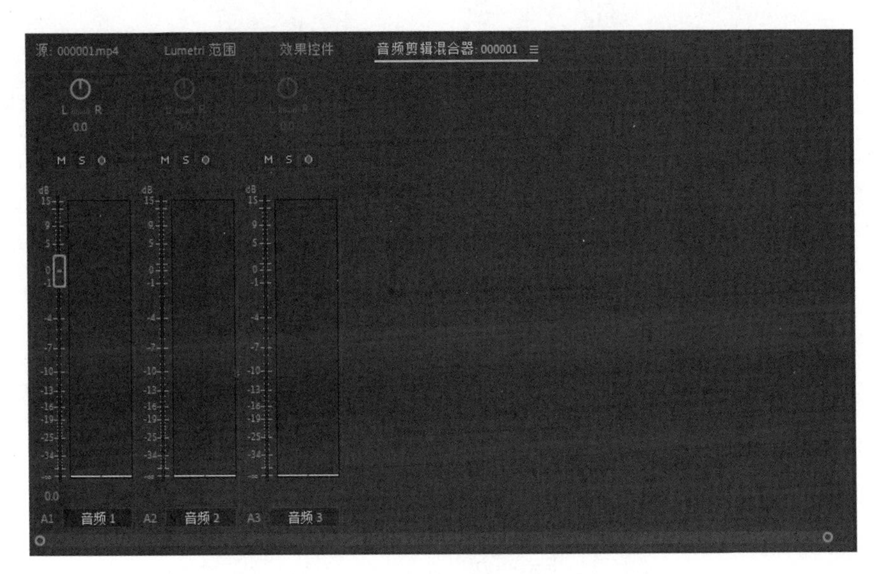

图3-16 “音频剪辑混合器”面板

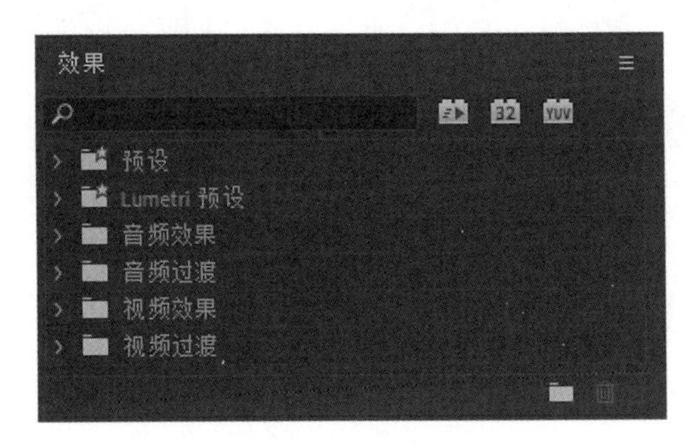

图3-17 “效果”面板

选中素材或过渡的基本信息和所在的序列及序列中其他素材的信息。

10. “历史记录”面板

“历史记录”面板可以记录编辑过程中的所有操作，在剪辑的过程中，如果操作失误，可以单击“历史记录”面板中相应的命令，返回到操作失误之前的状态，如图3-19所示。

11. “媒体浏览器”面板

“媒体浏览器”面板为快速查找、导入素材覆盖选择项提供了非常方便的途径，在这里如同在系统根目录中浏览文件一样，找到需要的素材，可以直接将它拖曳到“项目”面板、“源”监视器面板或时间轴轨道上，如图3-20所示。

12. “音波表”面板

“音波表”面板位于“时间轴”面板的右侧，当有声音的素材播放时，音波表中以波形表示声音的大小，单位为分贝（dB），查看音波表可以辅助用户统一不同素材的声音大小，如图3-21所示。

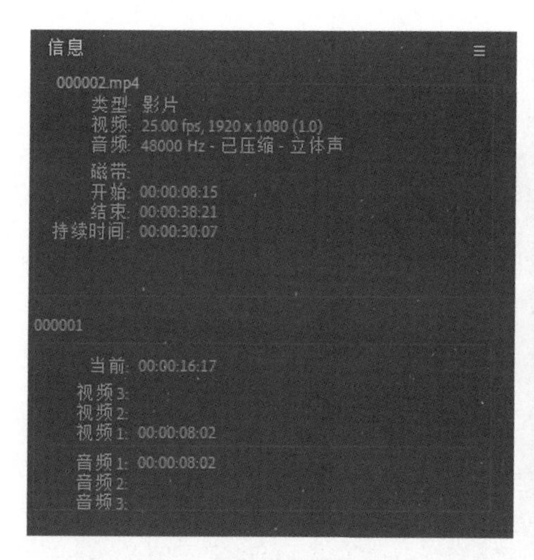

图3-18 “信息”面板

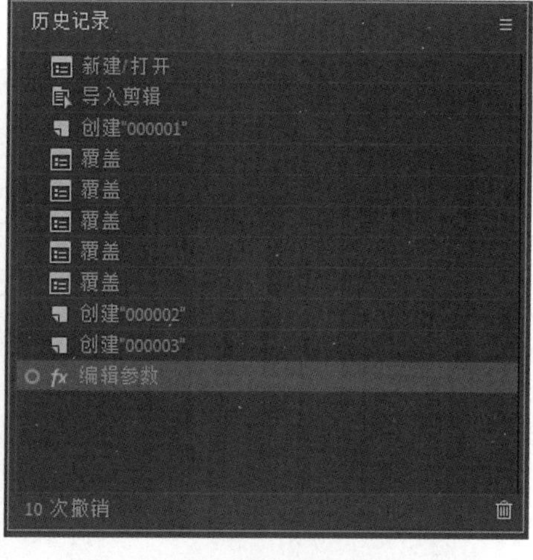

图3-19 “历史记录”面板

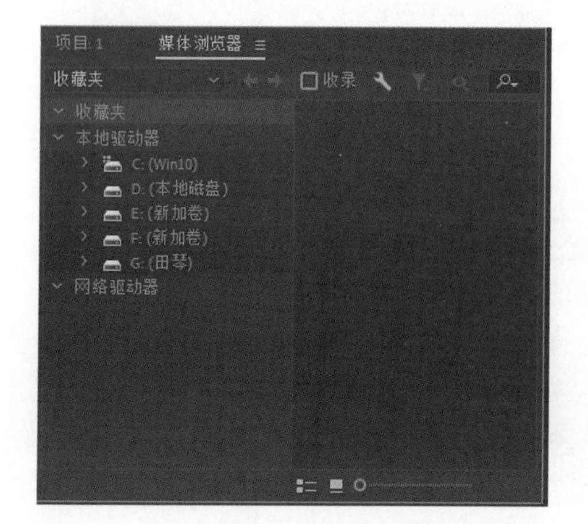

图3-20 “媒体浏览器”面板

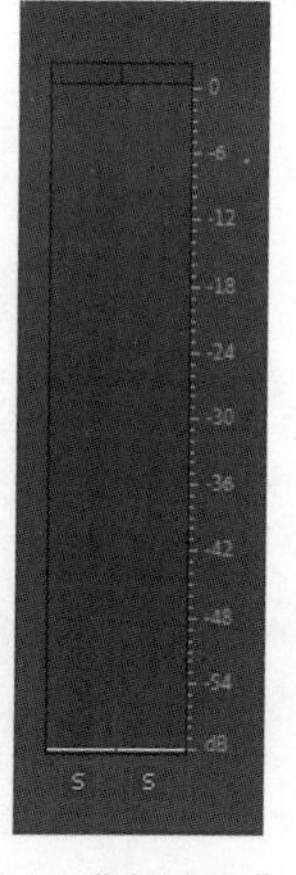

图3-21 “音波表”面板

（二）Premiere 视频编辑流程

Premiere用来将视频、音频和图片素材组合在一起，制作出精彩的数字影片，但在制作之前必须准备好所需的素材，这些素材需要借助其他软件进行加工处理。一般来说，利用Premiere制作数字影片需要经过以下几个步骤。

1. 撰写脚本和收集素材

在运用Premiere进行视频编辑之前，首先要认真对影片进行策划，拟定一个比较详细的提纲，确定所要创作影片的主题思想；接下来根据影片表现的需求撰写脚本；脚本准备好了之后就可以收集和整理素材了。收集途径包括截取屏幕画面，扫描图像，用数码相机拍摄图像，用DV拍摄视频，从素材盘或网络中收集各种素材等。

2. 创建新项目，导入收集的素材

启动Premiere，创建一个项目，然后导入已整理好的各类素材。

3. 编辑、组合素材

在素材导入后，要根据需要对素材进行修改，如剪切多余的片段、修改播放速度与时间长短等。剪辑完成的各段素材还需要根据脚本的要求，按一定顺序添加到时间轴的视频轨道中，将多个片段组合成表达主题思想的完整影片。

4. 添加视频过渡、效果

使用过渡可以使两段视频素材衔接更加流畅、自然。添加视频效果可以使影片的视觉效果更加丰富多彩。

5. 字幕制作

字幕是影片中非常重要的部分，包括文字和图形两个方面，使用字幕便于观众准确理解影视内容，Premiere使用字幕设计器来创建和设计字幕。

6. 添加、处理音频

为作品添加音频效果。处理音频时，要根据画面表现的需要，通过背景音乐、旁白和解说等手段来加强主题的表现力。

7. 导出影片

影片编辑完成后，可以生成视频文件发布到网上或刻录成DVD。

二、关键帧设置

在Premiere 2022中，不仅可以编辑组合视频素材，还可以将静态的图片通过运动效果使其运动起来。帧是动画中最小单位的单幅影像画面，相当于电影胶片上的一格画面，当时间指针以不同的速度沿“时间轴”面板逐帧移动时，便形成了画面的运动效果。表示关键状态的帧叫关键帧，运动效果是利用关键帧技术，对素材进行位置、动作或透明度等相关参数的设置。关键帧动画可以是素材的运动变化、特效参数的变化、透明度的变化和音频素材音量大小的变化。当使用关键帧创建随时间变换而发生改变的动画时，必须至少使用两个关键帧，一个定义开始状态，另一个定义结束状态。Premiere 2022主要提供了两种设置关键帧

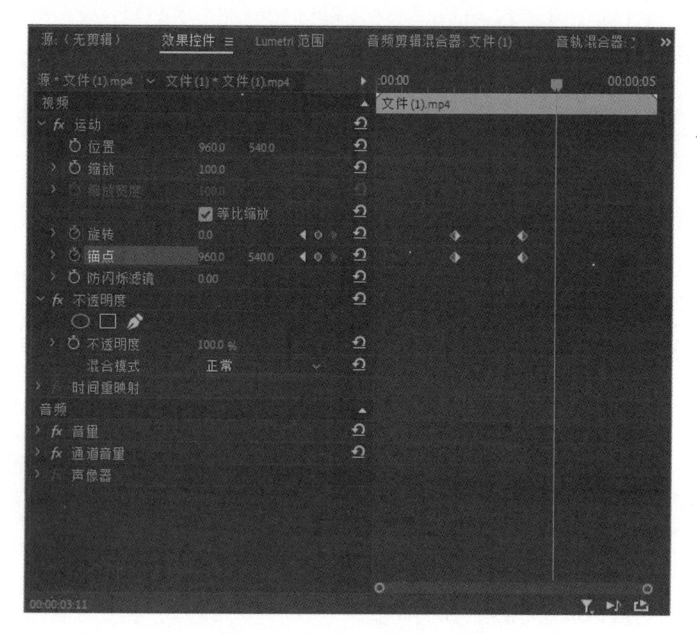

图3-22 “效果控件”面板

的方法：一是在“效果控件”面板上设置关键帧，二是在“时间轴”面板中设置关键帧。

下面，首先来认识“效果控件”面板，如图3-22所示。

（一）在“效果控件”面板上设置关键帧

1. 添加关键帧

添加必要的关键帧是制作运动效果的前提，添加关键帧的方法如下：

（1）要为素材添加关键帧，首先应当将素材添加到视频轨道中，并选中要建立关键帧的素材，然后展开“效果控件”面板的“运动”属性。

（2）将时间指针移到需要添加关键帧的位置，在“效果控件”面板中设置相应选项的参数（如“位置”选项），单击“位置”选项左侧的“切换动画”按钮（图3-23），会自动在当前位置添加一个关键帧，将设置的参数值记录在关键帧中。

（3）将时间指针移到需要添加关键帧的位置，修改选项的参数值，修改的参数会被自动记录到第二个关键帧中，或者单击“添加/移动关键帧”按钮（图3-23）来添加关键帧。

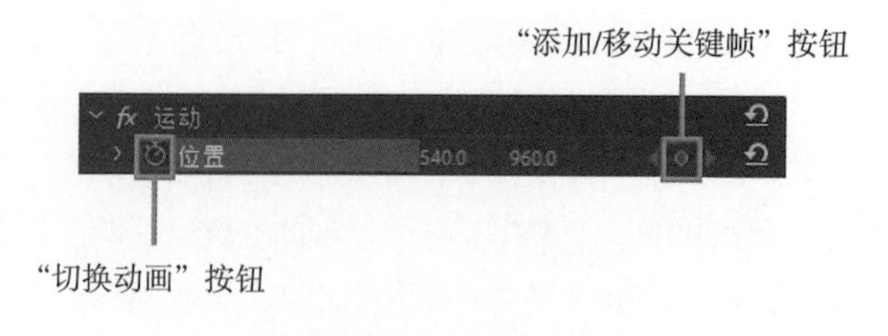

图3-23 关键帧按钮

2. 关键帧导航

关键帧导航功能可方便关键帧的管理，单击导航三角形箭头按钮，可以把时间指针移动到前一个或后一个关键帧位置，单击左侧的三角形可以展开各项“运动”属性的曲线图表，包括数值图表和速率图表，如图3-24所示。

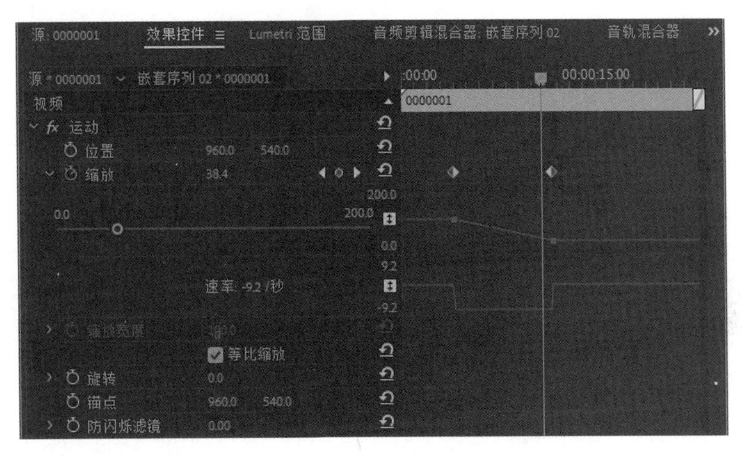

图3-24　关键帧图表

3. 选择、复制、粘贴和移动关键帧

在“效果控件”面板上选择单个关键帧时，只需要用鼠标单击某个关键帧即可；选择多个关键帧时，按住Shift键逐个点击要选择的关键帧；使用鼠标左键框选也可以选择多个关键帧。

关键帧保存了参数在不同时间点的值，可以被复制、粘贴到本素材的不同时间点，也可以粘贴到其他素材的不同时间点。将关键帧粘贴到其他素材时，粘贴的第1关键帧位置由时间指针所处的位置决定，其他关键帧依次按顺序排列。如果关键帧的时间比目标素材要长，则超出范围的关键帧也被粘贴，但不显示出来。

在“效果控件”面板中，选择需要复制的关键帧，执行菜单“编辑一复制”命令，或者右击鼠标，在弹出的快捷菜单中选择“复制”命令，然后将时间指针移动到需要复制关键帧的位置，执行菜单“编辑一粘贴”命令，或者右击鼠标，在弹出的快捷菜单中选择“粘贴”命令。

选择一个或按住Shift键选择多个关键帧，可拖曳到新的时间位置，且各关键帧之间的距离保持不变。

4. 删除关键帧

在“效果控件”面板中，删除关键帧，可以采用以下几种方法。

（1）选中需要删除的关键帧，执行菜单“编辑一清除”命令可删除关键帧。

（2）选中需要删除的关键帧，按Delete键或Backspace键可删除关键帧。

（3）将时间指针移到需要删除的关键帧处，单击“添加/删除关键帧”按钮，可以删除关键帧。

（4）要删除某选项（如“位置”选项）所对应的所有关键帧，可单击该选项左侧的“切换动画”按钮，此时会弹出如图3-25所示的“警告”对话框，单击“确定”按钮后可删除该选项所对应的所有关键帧。

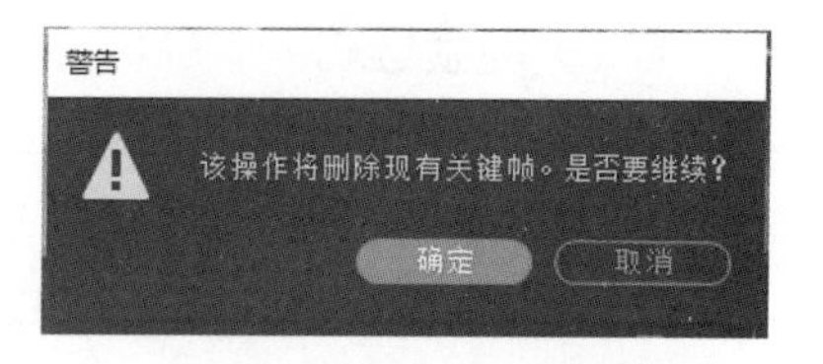

图3-25 “警告”对话框

（二）在“时间轴”面板轨道上设置关键帧

1. 添加关键帧

要在“时间轴”面板轨道上设置关键帧，应先选中要建立关键帧的层，放大图层轨道，单击序列控制区的“时间轴显示设置”按钮（图3-26），在弹出的“时间轴”菜单中，勾选“显示视频关键帧”选项，如图3-27所示。选择工具箱中的“钢笔工具”，单击素材上的关键帧控制线，即可添加关键帧。

图3-26 “时间轴显示设置”按钮

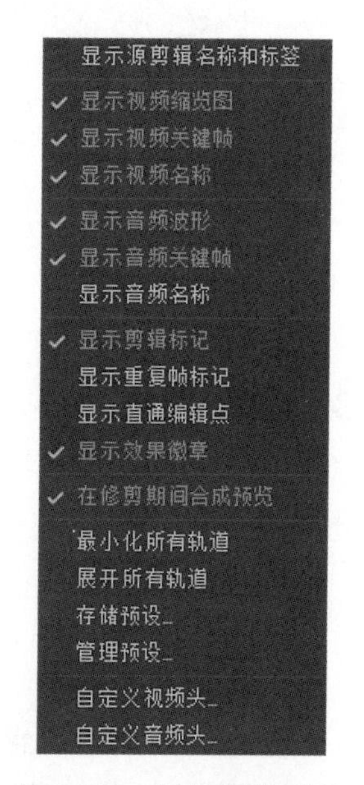

图3-27 “时间轴”菜单

2. 调整关键帧

可以对轨道关键帧进行拖曳调整，位置的高低表示数值的大小，使用“钢笔工具”调整控制柄的方向和长度，如图3-28所示。

轨道关键帧选择、复制、粘贴和删除的操作方法，与“效果控件”面板上的关键帧操作方法相同。

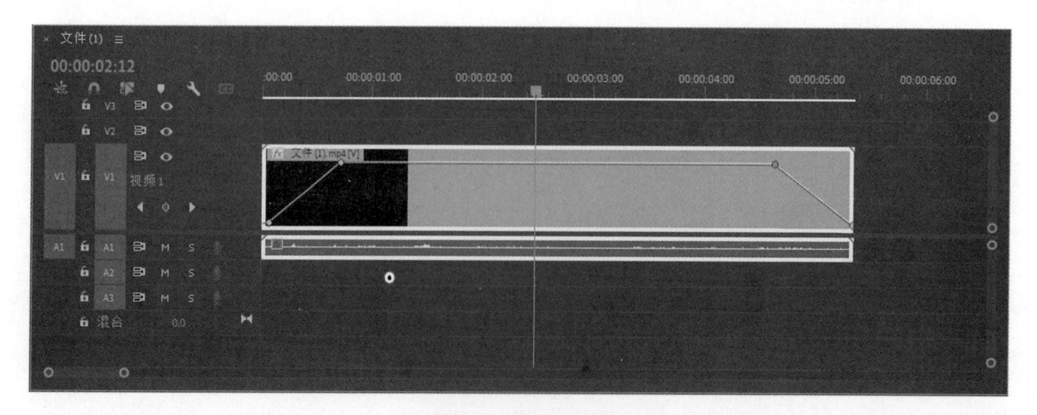

图3-28 轨道关键帧

三、运动效果设置

（一）位置的设置

视频5
运动效果设置

通过水平和垂直参数可定位素材在“节目”监视器面板中的位置。将素材添加到轨道中，选择“效果控件”面板中的“运动”选项，此时“节目”监视器面板中的素材变为有控制外框的状态，如图3-29所示。拖动该素材或者直接修改“效果控件”面板中的“位置”参数，都可以改变素材的位置。

如果需要素材沿路径运动，需要在运动路径上添加关键帧，并调整每一个关键帧所对应的位置。图3-30所示是添加了4个位置关键帧后所定义的素材运动路径。

图3-29　“节目”监视器面板

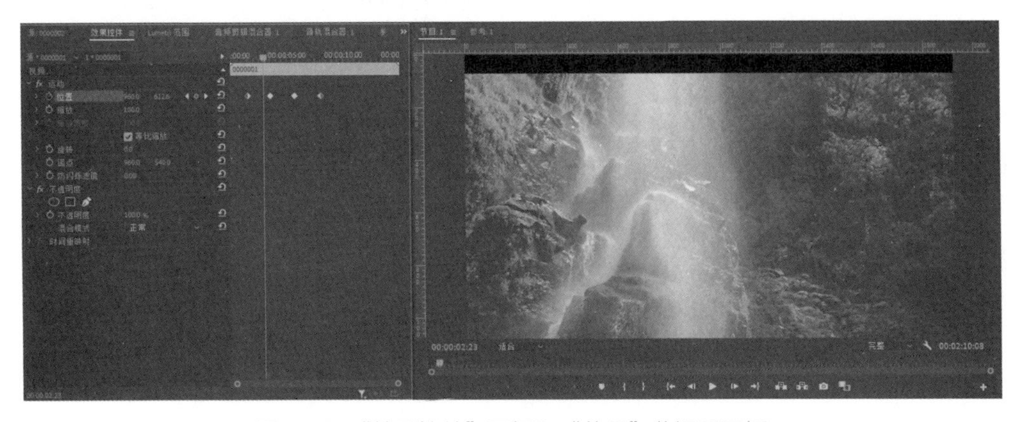

图3-30　“效果控件”面板和“节目”监视器面板

（二）缩放的设置

“缩放”选项用于控制素材的大小。选择“效果控件”面板中的“运动”选项后，“节目”监视器面板中的素材变为有控制外框的状态，拖动边框上的尺寸控点可以调整素材的缩放比例，如图3–31所示。也可以通过修改“效果控件”面板中的“缩放”参数，来调整素材的缩放比例。如果不勾选“等比缩放”选项，则可以分别设置素材的高度和宽度的缩放比例。

图3–31 “节目”监视器面板1

（三）旋转的设置

“旋转”选项用于控制素材在“节目”监视器面板中的角度。选择“效果控件”面板中的“运动”选项后，“节目”监视器面板中的素材变为有控制外框的状态，将鼠标指针移动到素材上4个角尺寸控点的左右，当指针变为双箭头时，可以拖动鼠标旋转素材，如图3–32所示。

在“效果控件”面板中，设置“旋转”的参数值，也可以对素材进行任意角度的旋转。当旋转的角度超过“360°”时，系统以旋转一周来标记角度，如“360°”表示为“1×0.0”；当素材进行逆时针旋转时，系统标记为负的角度。

“锚点”选项用于控制素材旋转时的轴心点。

“防闪烁滤镜”选项用于控制素材在运动时的平滑度，提高此值可降低影片运动时的抖动。

图3-32 “节目”监视器面板2

（四）不透明度的设置

“不透明度”动画效果常用于代替视频转场，用于控制影片在屏幕上的可见度，可以通过设置百分比值来控制不透明的程度。在“效果控件”面板中，展开“不透明度”选项，设置其参数值，便可以修改素材的不透明程度。当素材的“不透明度”为100.0%时，素材完全不透明；当素材的“不透明度”为0.0%时，素材完全透明，此时可以显示出其下层的图像。在“时间轴”面板中设置透明度动画，选中需要设置不透明度动画的素材，移动时间指针到需要设置的位置，在所选素材的轨道控制区域单击“添加/移除关键帧”按钮即可添加关键帧。

在“不透明度”属性下有3个创建蒙版的工具：“创建椭圆形蒙版”按钮、“创建4点多边形蒙版”按钮和“自由绘制贝塞尔曲线”按钮，用它们创建蒙版后，在“效果控件”面板上“不透明度”下出现蒙版设置选项，如图3-33所示。

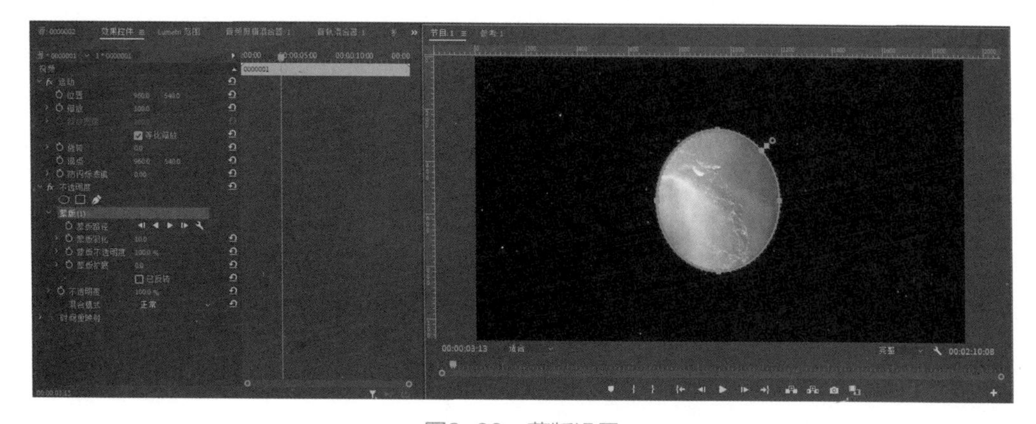

图3-33 蒙版设置

“混合模式”选项用于设置素材的混合模式，默认为“正常”。单击下箭头按钮，可弹出“混合模式”类型列表，如图3–34所示。

正常
溶解
变暗
相乘
颜色加深
线性加深
深色
变亮
滤色
颜色减淡
线性减淡（添加）
浅色
叠加
柔光
强光
亮光
线性光
点光
强混合
差值
排除
相减
相除
色相
饱和度
颜色
发光度

图3–34 “混合模式”类型列表

四、音频处理

视频6
音频处理

（一）音频剪辑

1. 导入音频素材

与导入视频素材的方法相同，不再赘述。

2. 添加素材到时间轴

将“项目”面板中的音频素材拖放到“时间轴”面板的音频轨道上即可，也可以使用“源”监视器面板的“插入”“覆盖”按钮。当把一个音频剪辑拖到时间轴时，如果当前序列没有一条与这个剪辑类型相匹配的轨道，Premiere 2022会自动创建一条与该剪辑类型相匹配的新轨道。

3. 改变“剪辑速度/持续时间”

对于音频持续时间的调整，主要是通过“入点”和“出点”的设置来进行。

可以在音频轨道上使用Premiere 2022的各种对“入点”和“出点”进行设置与调整的工具进行剪辑，也可以结合“源”监视器面板进行素材的剪辑。

选择要调整的素材、执行“剪辑>速度/持续时间”命令，打开“剪辑速度/持续时间”对话框，可以对音频的速度与持续时间进行调整，如图3–35所示。

4. 编辑关键帧

单击音频轨道上的“显示关键帧”按钮，选择“轨道关键帧>音量”命令，调整播放指针到素材需要编辑的位置，然后单击轨道的“添加/移除关键”按钮，即可给该位置添加（或删除）关键帧。拖动关键帧，可以调整它的位置和值，效果如图3–36所示。

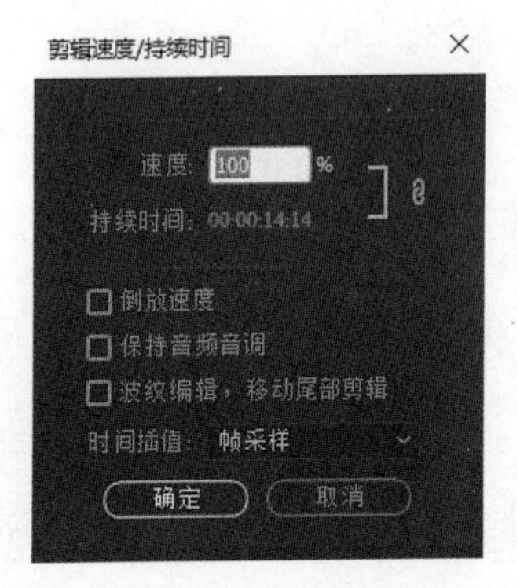

图3–35 “剪辑速度/持续时间”对话框

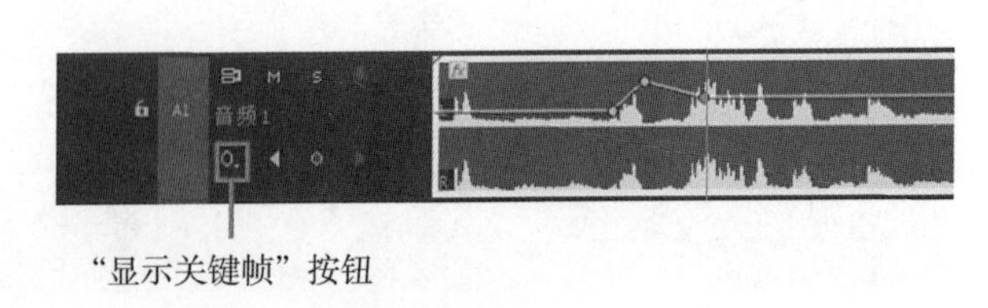

图3–36 轨道关键帧效果

5. 调整素材音量

（1）通过“效果控件”面板调整。选择轨道上的素材，打开“效果控件”面板，调节“音量”“声道音量”的参数值就可以改变音量。选择“旁路”则会忽略所做的调整；结合关键帧调节音量，可以创建音量的变化效果，如图3-37所示。

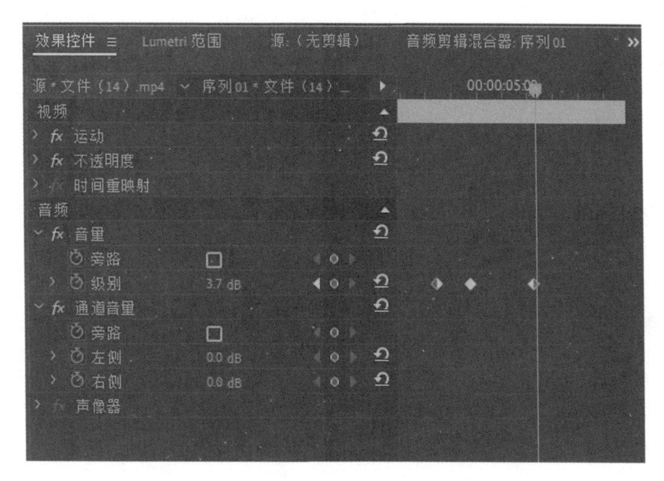

图3-37　“效果控件”面板调整音量

（2）在“音轨”上调整。单击音频轨道上的“显示关键帧”按钮，选择“剪辑关键帧”，然后上下拖动淡化线（灰色水平线）即可调整素材音量。如果选择“轨道关键帧>音量”命令，则调整针对该轨道上的所有素材。二者对比效果如图3-38所示。

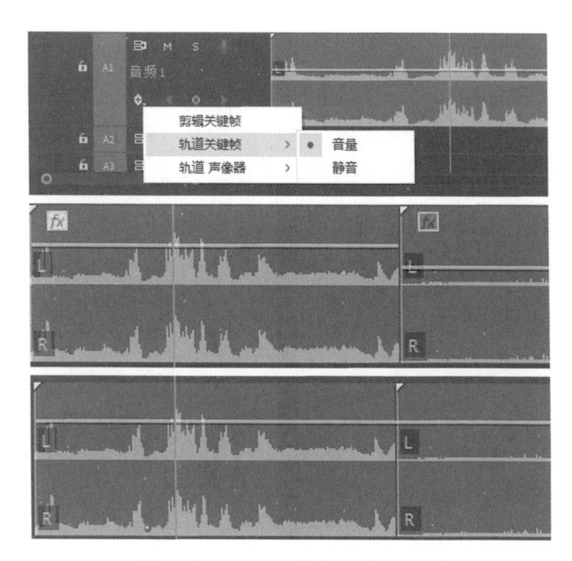

图3-38　通过“淡化线”调整

（3）通过“增益”调整。通过“淡化线”或“音量特效”调整音量，会无法判断其音量与其他音轨音量的相对大小，也无法判断音量是否提得太高，以至于出现失真。而使用音频增益工具所提供的标准化功能，则可以自动把音量提高到不产生失真时的最高音量。

如果轨道上有多段音频素材，为避免声音时大时小，就需要通过调整增益平衡音量。使用音频增益的标准化功能，可以把所选素材的音量调整到几乎一致。同时调整多段素材增益的方法如下：

同时选中音轨上的多段素材，右击选择快捷菜单中的“音频增益”命令，在弹出的对话框中选择“标准化所有峰值为”，设置dB值，然后单击“确定”按钮。

（二）音频过渡

在音频素材之间使用过渡，可以使声音的转场变得自然，也可以在一段音频素材的“入点”或“出点”创建“淡入”或“淡出”效果。Premiere提供了3种转场方式：恒定功率、恒定增益和指数淡化，如图3-39所示。

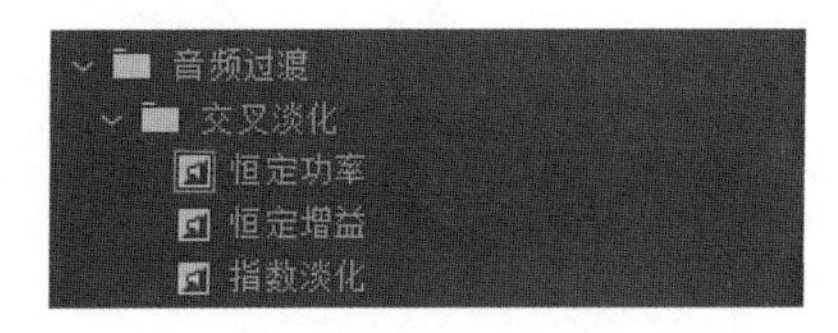

图3-39　音频过渡

默认过渡方式为恒定功率，它将两段素材的淡化线按照抛物线方式进行交叉，而恒定增益则将淡化线性交叉。一般认为恒定功率过渡更符合人耳的听觉规律，恒定增益则缺乏变化。

与添加视频过渡的方法相同，将“音频过渡”效果文件夹内的过渡效果拖到音频轨道素材上，即可添加该效果。

五、视频过渡

在非线性编辑中，镜头之间的组接对于整个影视作品有着至关重要的作用。通过镜头组接可以创造丰富的蒙太奇语言，能够表现出更好的艺术形式。在Premiere 2022中，提供了多种类型的视频转场效果，使剪辑师有了更大的创作空间和灵活应变的自由度。视频过渡也称为视频切换或视频转场，是指在影片剪辑中一个镜头画面向另一个镜头画面过渡的过程。将转场添加到相邻的素材之间，能够使素材之间较为平滑、自然地过渡，增强视觉连贯性。利用过渡效果，更加鲜明地表现出各素材之间的层次感和空间感，从而增加影片的艺术感染力。

视频过渡的添加和设置涉及两部分：“效果”面板和“效果控件”面板，如图3-40和图3-41所示。“效果”面板提供了40多种生动有趣的过渡效果，

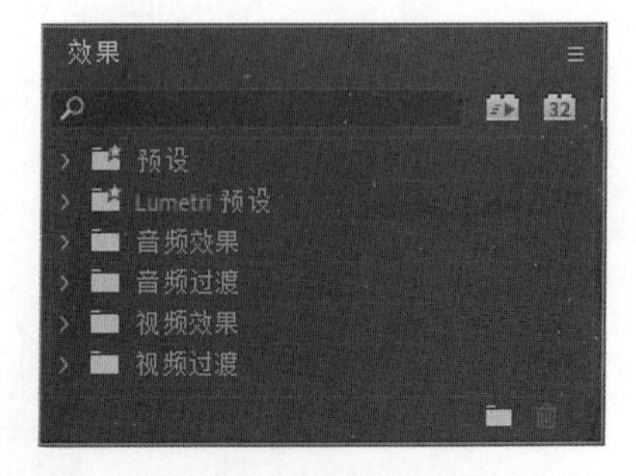

图3-40　“效果”面板

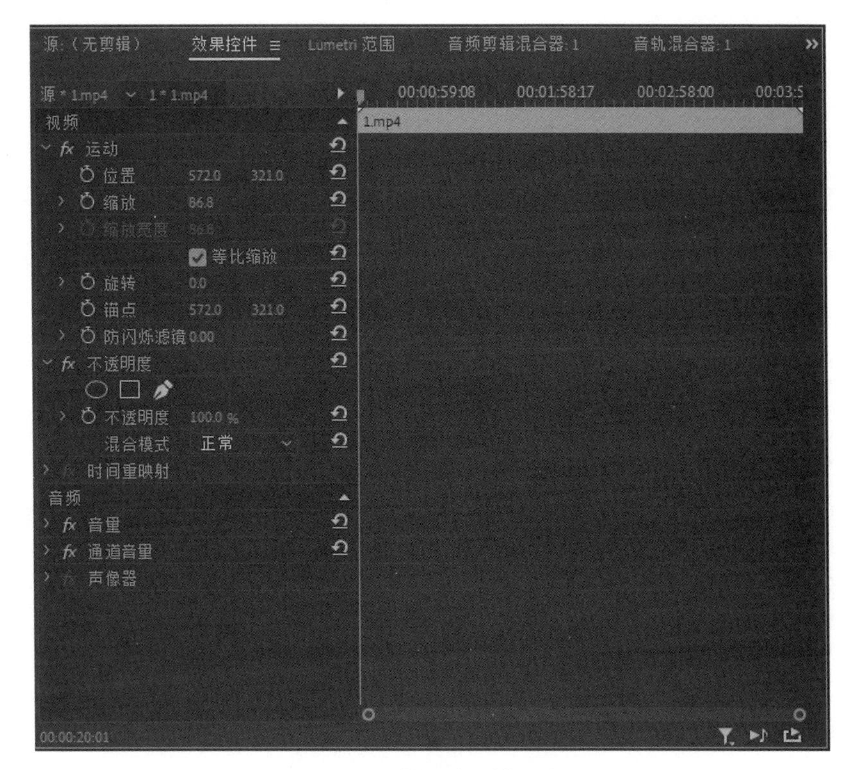

图3-41　“效果控件”面板

“效果控件”面板提供了转场的参数信息，以方便用户对过渡效果进行修改。

（一）过渡效果的使用

1. 添加过渡效果

要为素材添加过渡效果，在“效果”面板中单击“视频过渡”左侧的折叠按钮，然后单击某个过渡类型的折叠按钮并选择需要的过渡效果，将其拖放到两段素材的交界处，素材被绿色相框包裹，释放鼠标，绿色相框消失，在视频素材中就会出现过渡标记。

视频7
视频过渡

视频过渡添加后，选择该过渡，按Delete键或Backspace键可将过渡删除。

2. 编辑过渡效果

对素材添加过渡效果后，双击视频轨道上的视频过渡，打开“效果控件”面板可以设置视频过渡的属性和各项参数，如图3-42所示。

“效果控件”面板中各选项的含义如下。

（1）持续时间：设置视频过渡播放的持续时间。

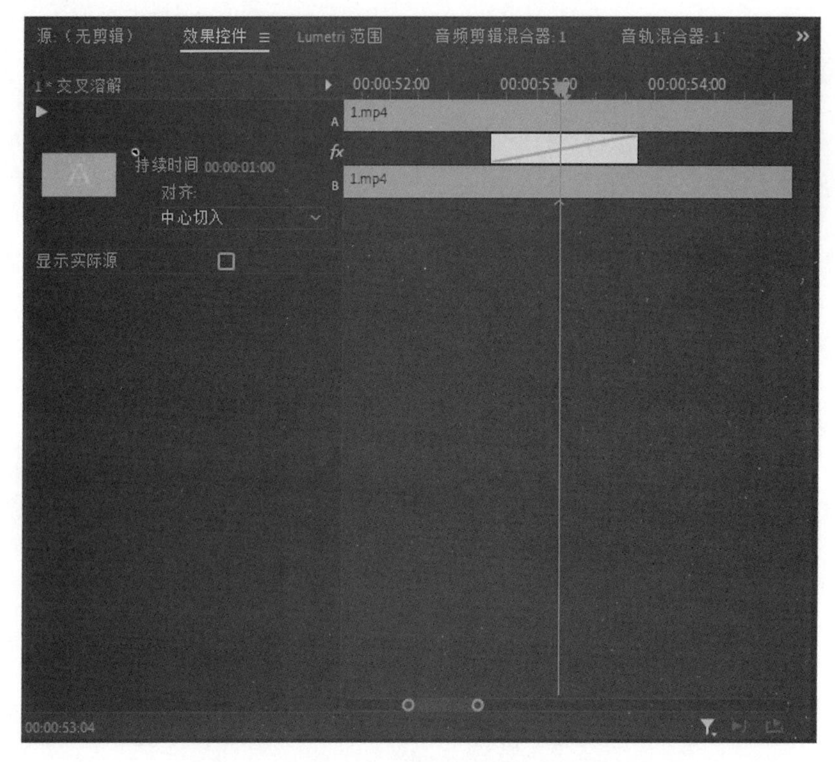

图3-42 视频过渡“效果控件”面板

（2）对齐：设置视频过渡的放置位置。“中心切入”是将过渡放置在两段素材中间；“起点切入”是将过渡放置在第二段素材的开头；“终点切入”是将过渡放置在第一段素材的结尾。

（3）自定义起点：设置视频过渡的起点。

（4）剪辑预览窗口：调整滑块可以设置视频过渡的开始或结束位置。

（5）显示实际源：选择该选项，播放过渡效果时将在剪辑预览窗口中显示素材；不选择该选项播放过渡效果时在剪辑预览窗口中以默认效果播放，不显示素材。

（6）边框宽度：设置视频过渡时边界的宽度。

（7）边框颜色：设置视频过渡时边界的颜色。

（8）反向：选择该选项，视频过渡将反转播放。

（9）消除锯齿品质：设置视频过渡时边界的平滑程度。

（二）过渡效果的类型

在Premiere 2022中内置了8大类视频过渡效果，如图3-43所示。

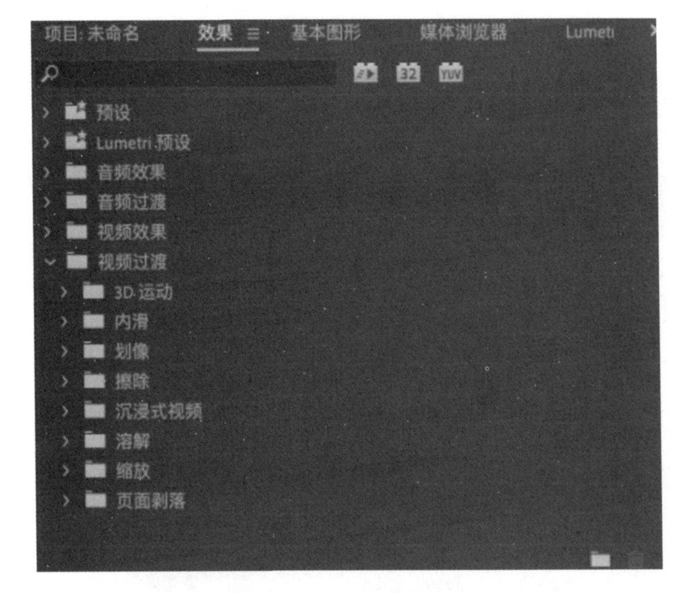

图3-43　视频过渡效果

六、视频效果

在影视制作的后期过程中，为视频添加相应的效果，可以弥补拍摄过程中的画面缺陷，使影视作品更加完美和出色，同时，借助于视频效果，还可以完成许多现实生活中无法实现的特技场景。

（一）添加视频效果

在Premiere 2022中，可以为同一段素材添加一个或多个视频效果，也可以为视频中的某一部分添加视频效果。

添加视频效果的方法为：

在“效果”面板中，单击“视频效果”左侧的折叠按钮，如图3-44所示，选择某个效果类型下的一种视频效果，将其拖放到视频轨道中需要添加效果的素材上，此时素材对应的“效果控件”面板上会自动添加该视频效果的选项。图3-45是添加了“百叶窗”效果后的“效果控件”面板。

提示：先选择轨道上的素材，然后直接把需要的视频效果拖放到“效果控件”面板，也可以为该素材添加视频效果。

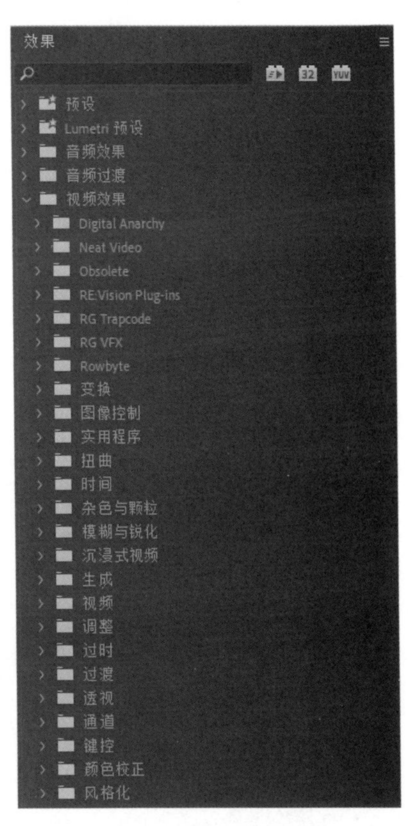

图3-44　单击“视频效果”左侧的折叠按钮

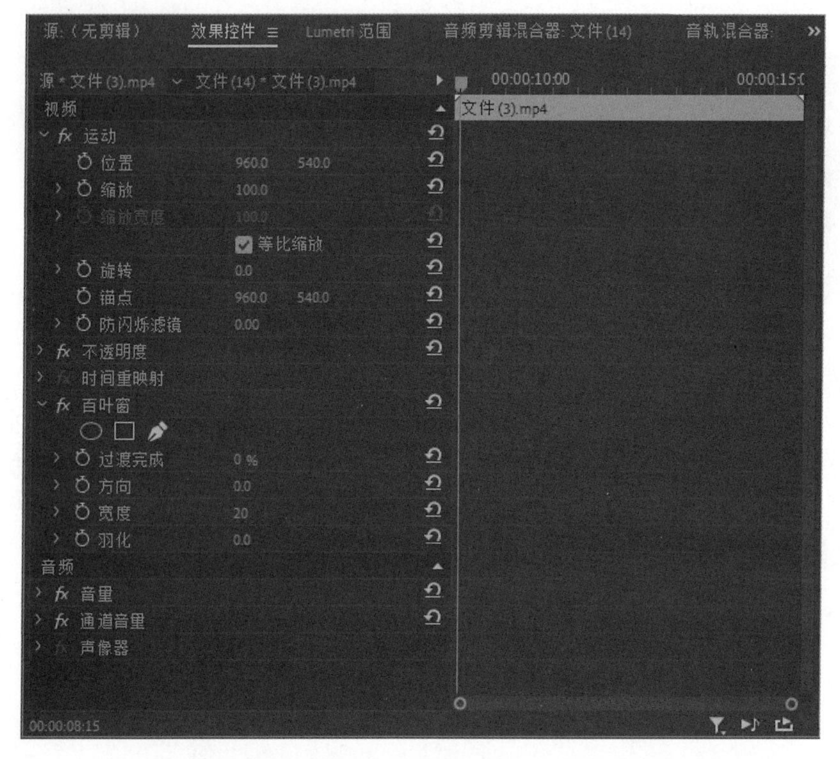

图3-45　添加了“百叶窗”效果后的“效果控件”面板

（二）为效果创建蒙版

在“效果控件”面板中，通过创建蒙版，可以限定“视频效果”的作用范围，视频效果只会影响蒙版区域以内的画面内容。在“效果控件”面板中的效果名称下，选择添加蒙版按钮中一种形式，然后调整“位置”“羽化”等参数即可添加蒙版。如图3-46所示，是对应用了“百叶窗”效果的素材添加椭圆形蒙版后的显示效果。

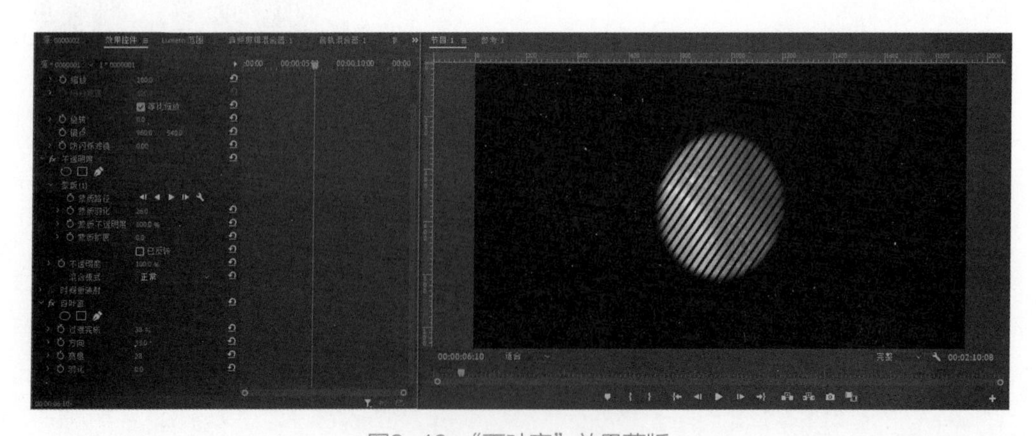
图3-46　“百叶窗”效果蒙版

（三）删除视频效果

要删除视频效果，可以采用以下两种方法。

（1）在“效果控件”面板中，选中需要删除的视频效果，按Delete键或Backspace键。

（2）右击需要删除的视频效果，选择“清除”命令。

（四）复制和移动视频效果

在“效果控件”面板中，选中设置好的视频效果，使用“编辑”菜单中的“复制”“剪切”和“粘贴”命令，可以复制或移动视频效果到其他素材上。

（五）设置效果关键帧

单击效果选项前面的“切换动画”按钮，可以在当前时间指针位置添加一个效果关键帧，然后拖动时间指针位置，修改效果选项的参数，系统会自动将修改添加为关键帧。

要删除已添加的效果关键帧，可以选中关键帧后按Delete键，或者右击该关键帧，选择“清除”命令。

七、视频调色

视频9
视频调色

调色，是对视频画面颜色和亮度等相关信息的调整，使其能够表现某种感觉或意境，或者对画面中的偏色进行校正，以满足制作上的需求。在视频处理中调色是一个相当重要的环节，其结果甚至可以决定影片的画面基调。

（一）“Lumetri颜色”面板

打开视频素材，切换至“颜色”工作区，将该视频素材拖曳到“时间轴”面板中，激活“Lumetri范围”和“Lumetri颜色”面板，面板中包含“基本校正”“创意”“曲线”“色轮和匹配”“HSL辅助”“晕影”6个板块，如图3-47所示。

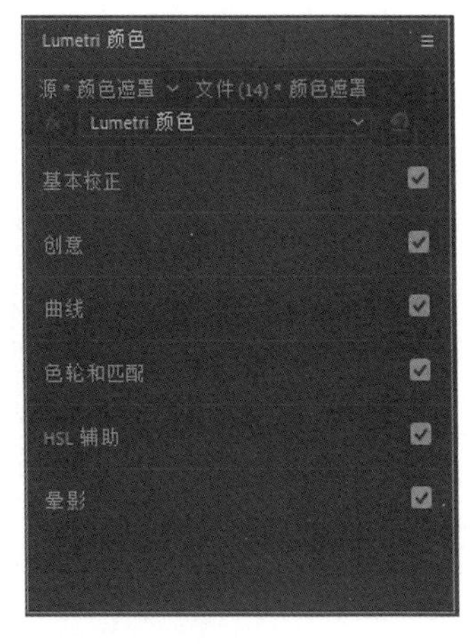

图3-47　“Lumetri颜色”面板

（二）“Lumetri范围”面板

“Lumetri范围”面板主要用于显示素材的颜色范围，如图3-48所示。

（1）矢量示波器HLS：在“Lumetri范围”面板中右击可调出，显示“色相”“饱和度”“亮度”和“信号”信息，如图3-49所示。

（2）矢量示波器YUV：以圆形的方式显示视频的色度信息，如图3-50所示。

（3）直方图：显示每个颜色的强度级别上像素的密集程度，有利于评估阴影、中间调和高光，从而整体调整图像色调，如图3-51所示。

（4）分量（RGB）：显示数字视频信号中的明亮度和色差通道级别的波形。可在“分量类型”中选择RGB/YUV/RGB白色/YUV白色，如图3-52所示。

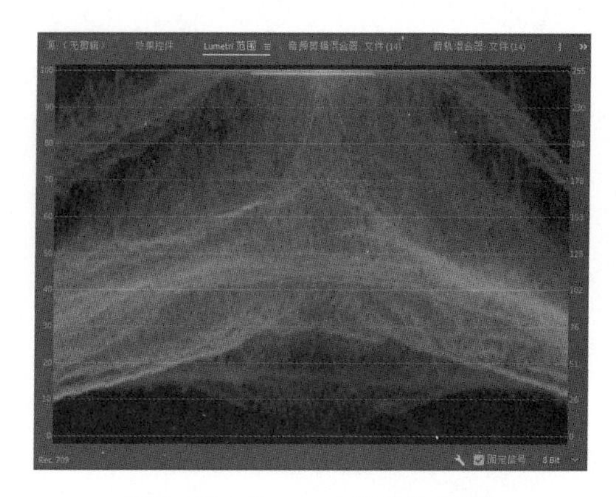

图3-48 “Lumetri范围”面板

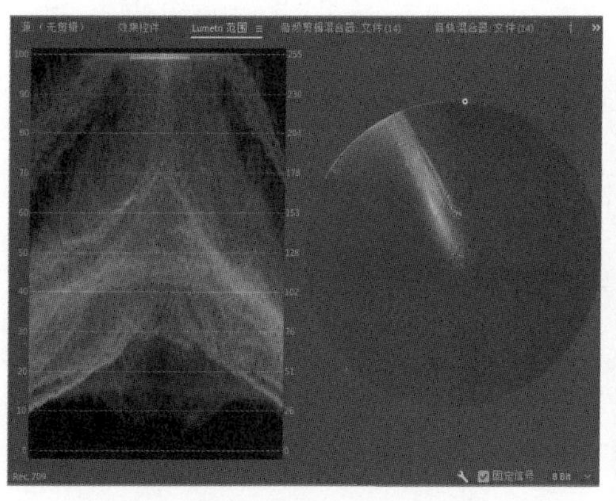

图3-49 矢量示波器HLS

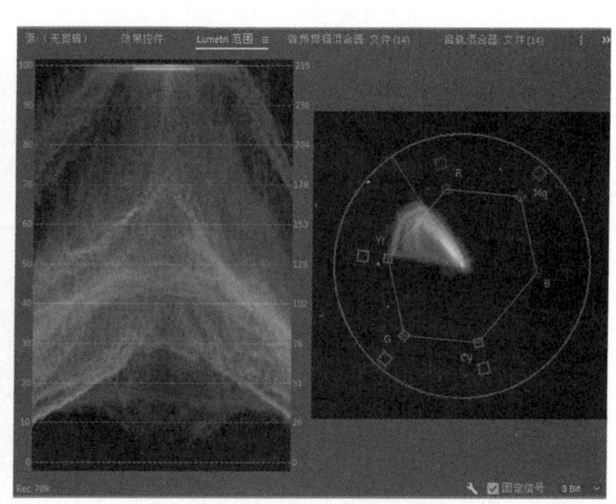

图3-50 矢量示波器YUV

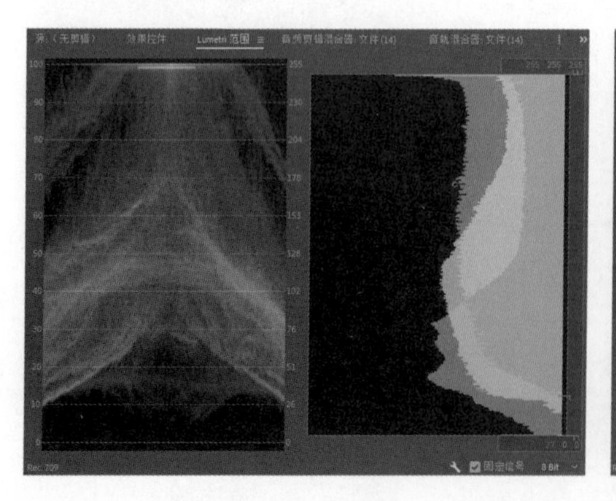

图3-51 直方图

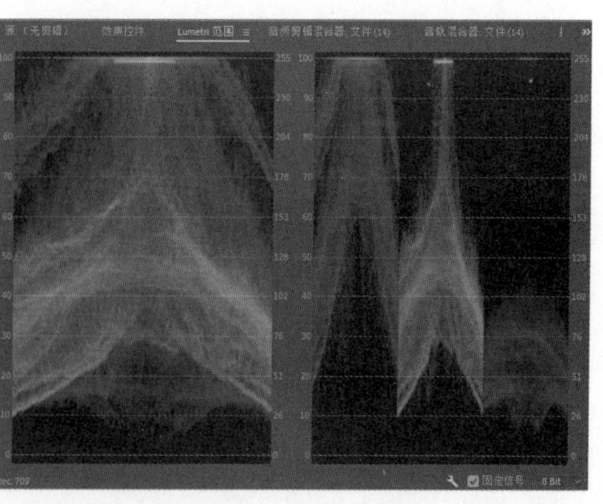

图3-52 分量（RGB）

（三）基本校正

“基本校正”参数可以调整视频素材的色相（颜色和色度）及明亮度（曝光度和对比度），从而修正过暗或过亮的素材。

1. 输入LUT

使用LUT预设可以作为起点，对素材进行分段，后续可以使用其他颜色控件进一步分级，如图3-53所示。

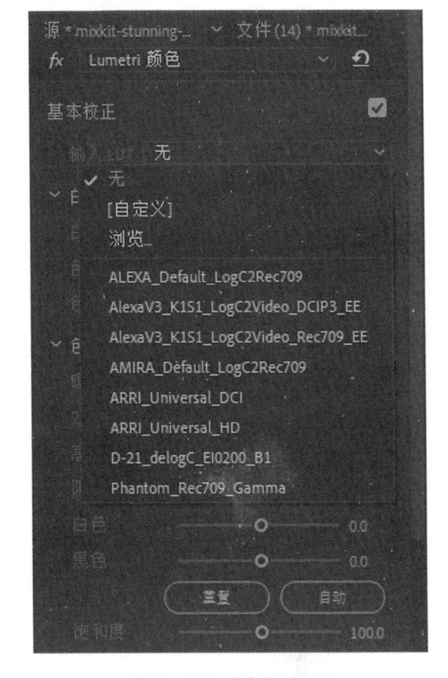

图3-53　输入LUT

2. 白平衡

通过“色温”滑块和“色彩”滑块或白平衡选择器可以调整白平衡，从而改变素材的环境色，如图3-54所示。

（1）白平衡选择器：选择“吸管工具”，单击画面中本身应该属于白色的区域，从而自动白平衡，使画面呈现正确的白平衡关系。

（2）色温：滑块向左移动（负值）可使素材画面偏冷，向右移动（正值）可使素材画面偏暖。

（3）色彩：滑块向左移动（负值）可为素材画面添加绿色，向右移动（正值）可为素材画面添加品红色。

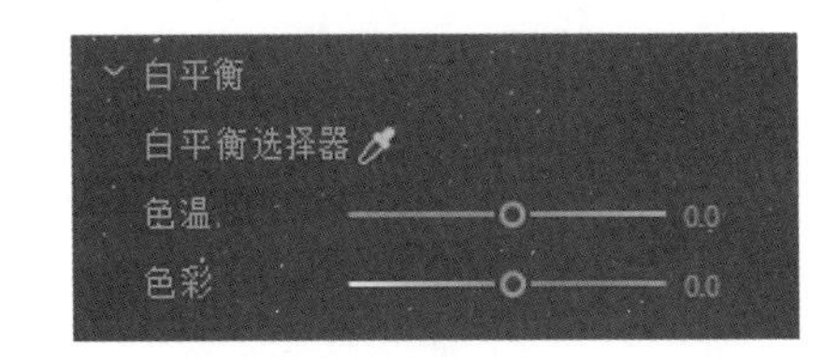

图3-54　白平衡

3. 色调

“色调”参数用于调整素材画面的大体色彩倾向，如图3-55所示。

（1）曝光：滑块向左移动（负值）可减小色调值并扩展阴影，向右移动（正值）可增大色调值并扩展高光。

（2）对比度：滑块向左移动（负值）可使中间调到暗区变得更暗，向右移动（正值）可使中间调到亮区变得更亮。

（3）高光：调整亮域，向左移动（负值）可使高光变暗，向右移动（正值）可在最小化修剪的同时使高光变亮。

（4）阴影：向左移动（负值）滑动可在最小化修剪的同时使阴影变暗，向右移动（正值）可使阴影变亮并恢复阴影细节。

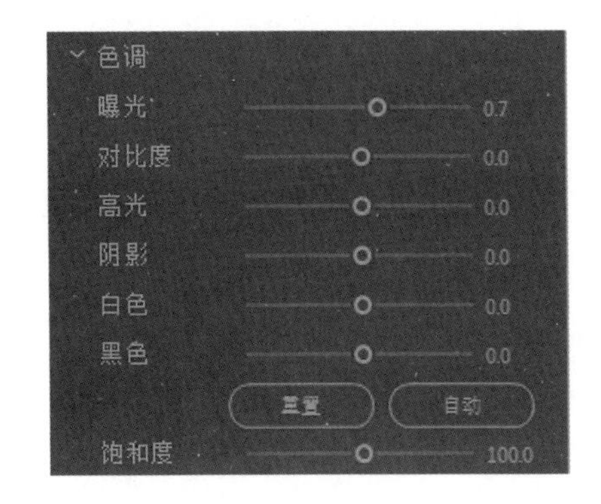

图3-55　色调

（5）白色：调整高光。向左移动（负值）滑动可以减少高光，向右移动（正值）滑动可以增加高光。

（6）黑色：向左移动（负值）滑动可增加黑色范围，使阴影更偏向于纯黑；向右移动（正值）滑动可减小阴影范围。

（7）重置：可使所有数值还原为初始值。

（8）自动：可自动设置素材图像为最大化色调等级，即最小化高光和阴影。

4. 饱和度

“饱和度参数”可均匀地调整素材图像中所有颜色的饱和度。向左移动（0～100）可降低整体饱和度，向右移动（100～200）可提高整体饱和度。

（四）创意

“创意”部分控件可以进一步拓展调色功能，另外，也可以使用Look预设对素材图像进行快速调色，如图3-56所示。

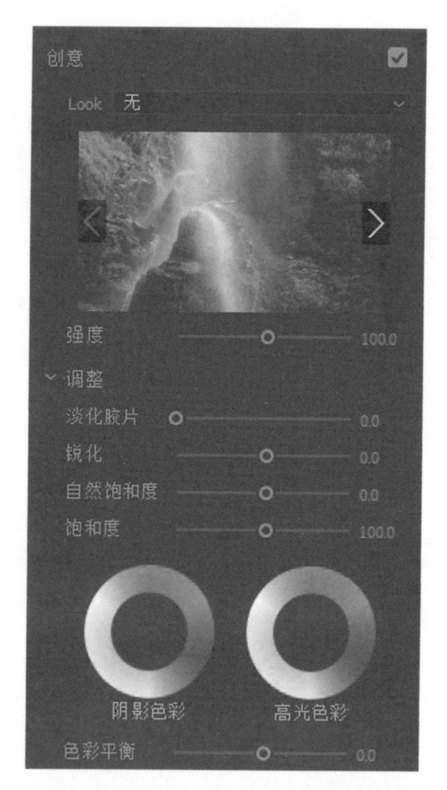

图3-56 “创意”面板

1. Look

用户可以快速调用Look预设，其效果类似添加“滤镜”。单击Look预览窗口的左右箭头可以快速依次切换Look预设进行预览。

2. 调整

（1）淡化胶片：使素材图像呈现淡化的效果，可调整出怀旧的风格。

（2）锐化：调整素材图像边缘清晰度。向左移动（负值）可降低素材图像边缘清晰度，向右移动（正值）可提高素材图像边缘清晰度。

（五）曲线

“曲线”用于对视频素材进行颜色调整，有许多更加高级的控件，可对亮度，以及红、绿、蓝色像素进行调整，如图3-57所示。

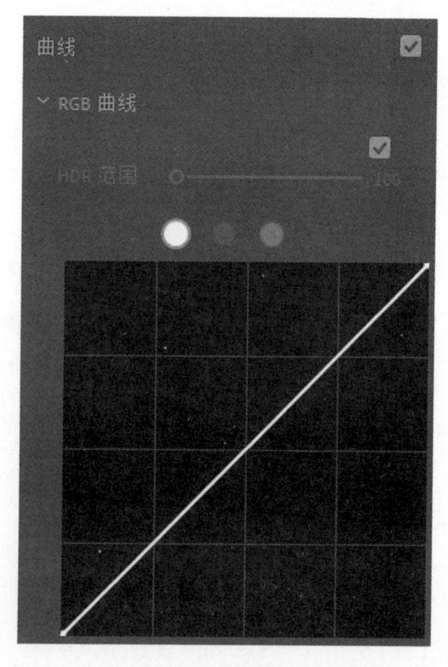

图3-57 “曲线”面板

除了“RGB曲线”控件外，“曲线”还包括“色相饱和度曲线”，其可以精确控制颜色的饱和度，同时不会产生太大的色偏，如图3-58所示。

（六）快速颜色校正器/RGB颜色校正器

1. 快速颜色校正器

在“效果”面板中找到“过时”效果，双击“快速颜色校正器”效果或将其拖曳到素材上，如图3-59所示。

在左上方的“效果控件”面板中找到“快速颜色校正器”选项，如图3-60所示。

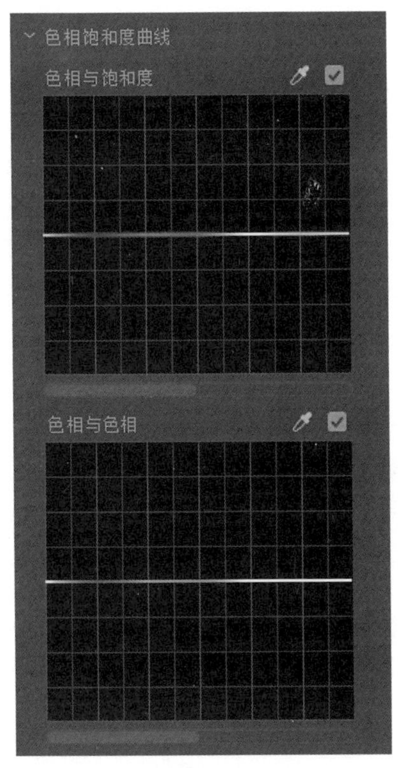

图3-58　“色相饱和度曲线”面板

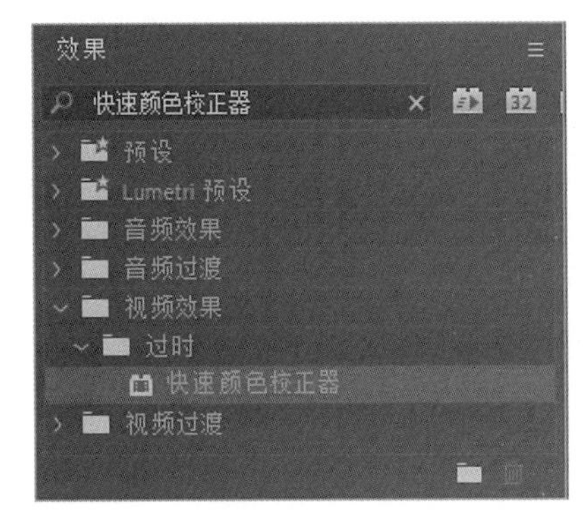

图3-59　“快速颜色校正器”效果

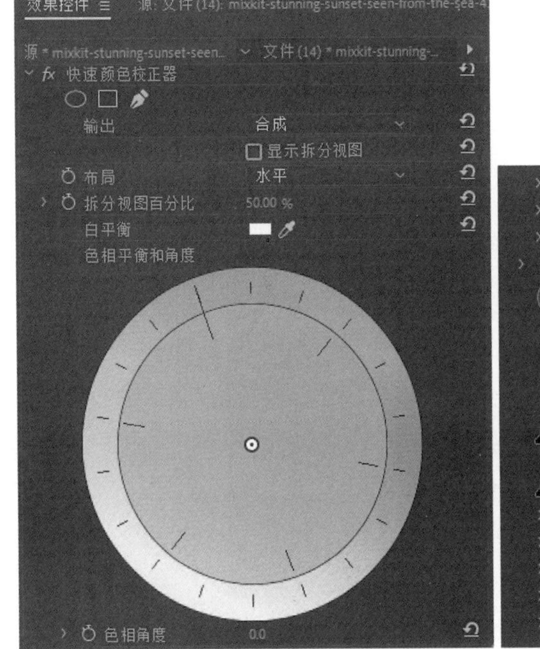

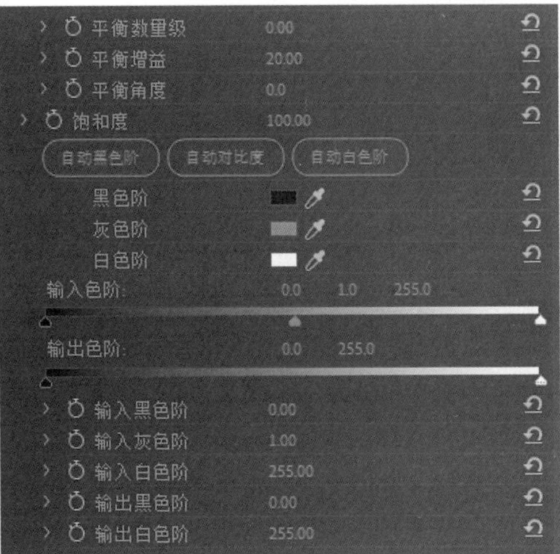

图3-60　“效果控件”面板中的“快速颜色校正器”

（1）白平衡：使用“吸管工具”调节白平衡，按住Ctrl/Command键可以选取5像素×5像素范围内的平均颜色。

（2）色相角度：可以拖曳色环外圈改变图像色相，也可单击蓝色的数字修改数值，还可将光标悬停至蓝色数字附近，待出现箭头时，长按鼠标左键左右拖曳调整数值。

（3）平衡数量级：将色环中心处的圆圈拖曳至色环上的某一颜色区域，即可改变图像的色相和色调。

（4）平衡增益：平衡增益是对平衡数量级的控制。将黄色方块向色环外圈拖曳可提高平衡数量级的强度。越靠近色环外圈，效果越强。

（5）平衡角度：将色环划分为若干份。

（6）饱和度：色彩的鲜艳程度。饱和度的值为0，则图像为灰色。

（7）输入色阶/输出色阶：控制输入/输出的范围。输入色阶是图像原本的亮度范围。将左边的黑场滑块向右移动，则阴影部分压暗；将右边的白场滑块向左移动则高光部分提亮；中间的滑块则可对中间调进行调整。输入色阶与输出色阶的极值是相对应的。在输出色阶中，由于计算机屏幕上显示的是RGB图像，所以数值为0～255。若输出的为YUV图像，则数值为16～235。

2. RGB颜色校正器（图3-61）

（1）灰度系数：即图像灰度。灰度系数越大，则图像黑白差别越小，对比度越低，图像呈现灰色；灰度系数越小，则图像黑白差别越大，对比度越高，图像明暗对比强烈。

（2）基值：视频剪辑中RGB的基本值。

（3）增益：基值的增量。例如，在蓝色调的剪辑中蓝色的基值是100，增益是10，最后结果为110。

为了在调整RGB颜色校正器的同时也能看到RGB分量，可在“Lumetri范围”面板中右击，在弹出的快捷菜单中选择“分量类型>RGB”选项，然后将“Lumetri范围”面板拖曳至下方窗口进行合并。

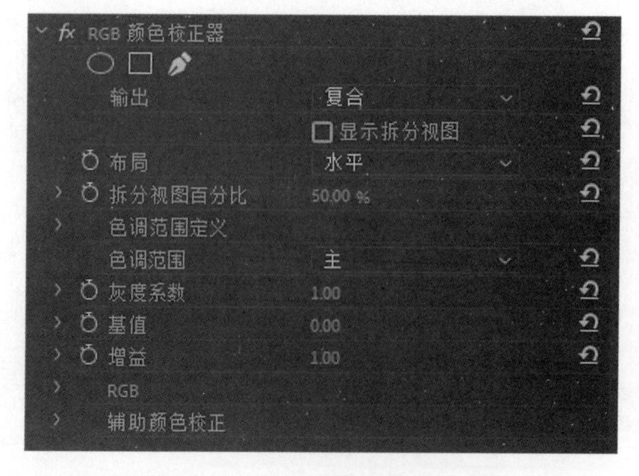

图3-61 “RGB颜色校正器”面板

3. RGB曲线

以“主要”曲线为例，曲线左下方代表暗场，将端点向上移动可使图像暗部提亮；曲线右上方代表亮场，将端点向下移动可使图像亮部压暗，如图3-62所示。用户可在曲线上的任意一处（除两端处）单击以添加锚点，进行分段调整。

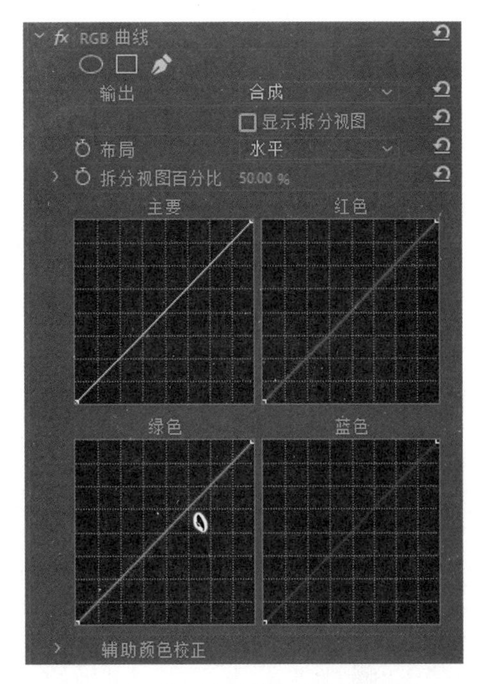

图3-62　“RGB曲线”效果控件面板

八、字幕设置

1. 创建字幕

选择“文字工具”，在“节目”监视器面板单击或者拖拽出一个矩形区域，即可输出字幕文本，如图3-63所示，同时系统会自动生成一个图形字幕层，如图3-64所示。

视频10
字幕设置

图3-63　输入字幕文本

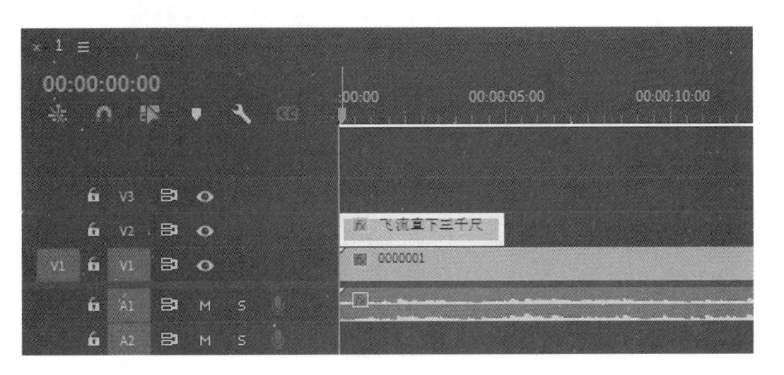

图3-64　自动生成图形字幕层

2. 调整文本属性

打开“效果控件”面板，可以对字幕排列、对齐、字体、大小、位置、旋转、填充、描边等属性进行修改，如图3-65所示。打开“基本图形”面板，选择“编辑”选项卡，也可以设置字幕的相关属性，如图3-66所示。

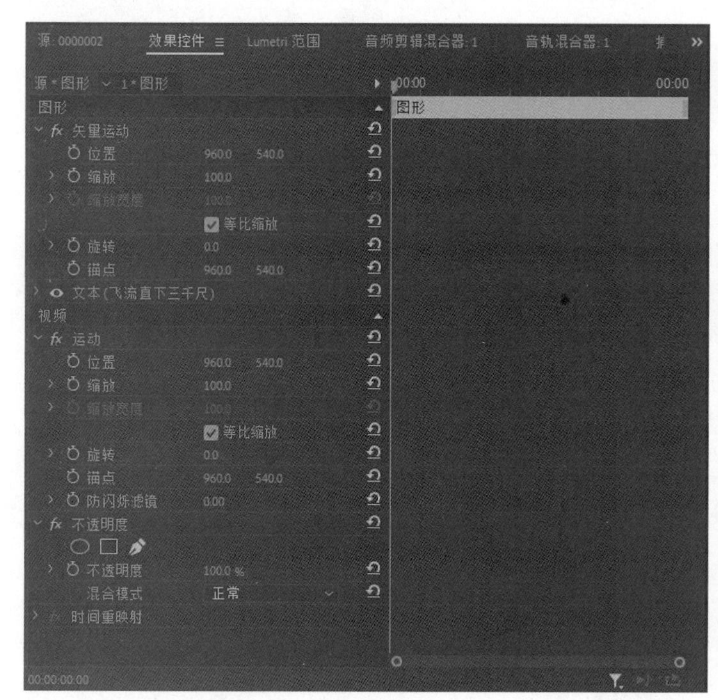

图3-65 “效果控件”面板

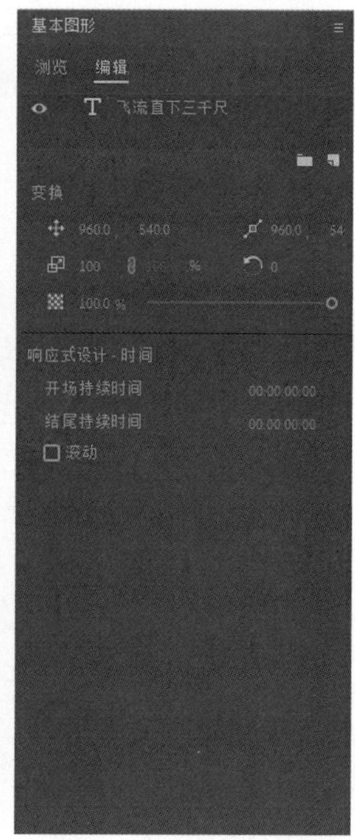

图3-66 “基本图形”面板

3. “基本图形”模板

单击“基本图形”面板，选择“浏览”选项卡，即可打开图形模板库，选择一个模板拖放到视频轨道，可以套用该模板。套用的模板，可以在“基本图形”面板的“编辑”选项卡中进行修改，如图3-67所示。

也可以定制自己的图形模板：右击时间轴上的字幕图形，在弹出菜单中选择“导出为动态图形模板”命令，即可把它作为模板添加到图形模板中。

4. 制作滚动字幕

单击文字以外的区域，以取消对文字的激活状态，即可展开滚动字幕设计面板。勾选“滚动”，设置相关参数，可以制作滚动字幕效果，如图3-68所示。

（1）启动屏幕外：选中该项，字幕将从屏幕外滚入。如果不选该项，且字幕高度大于屏幕，当将字幕窗口的垂直滚动条移到最上面时，所显示的字幕位置就是其开始滚动的初始位置。可以通过拖动字幕来修改其初始位置。

（2）结束屏幕外：选中该项，字幕将完全滚出屏幕。不选该项，如果字幕高度大于屏幕，则字幕最下侧（结束滚动位置）会贴紧下字幕安全框。

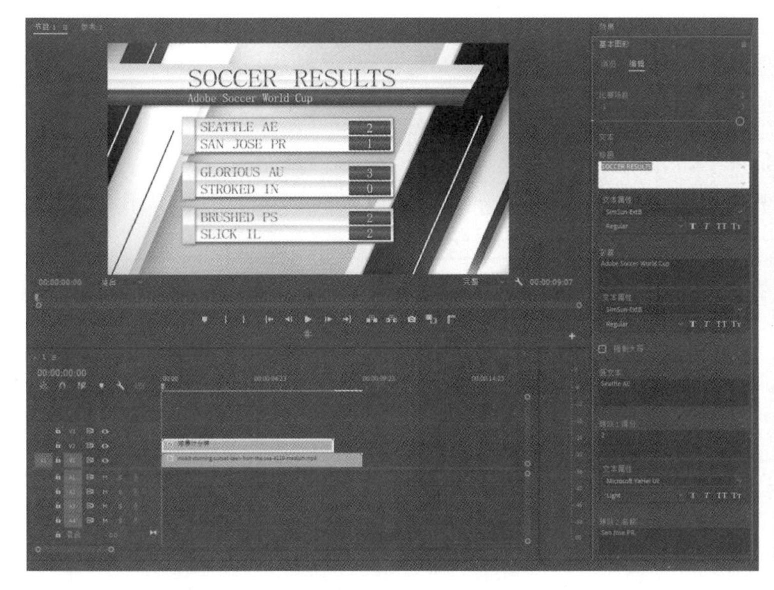

图3-67　套用“基本图形”模板

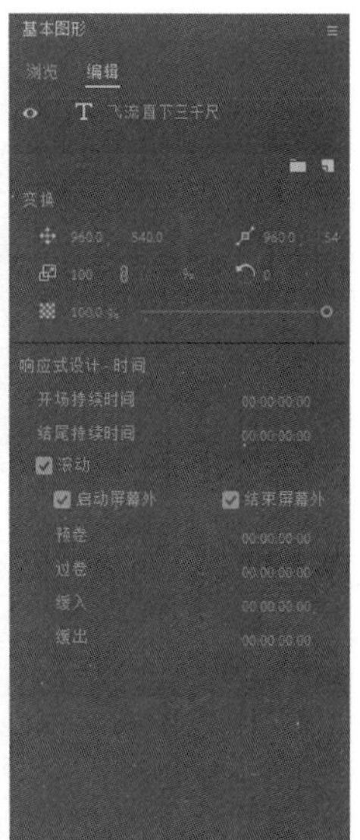

图3-68　“滚动字幕”设计面板

（3）预卷：设置字幕在开始“滚动”前播放的帧数。

（4）过卷：设置字幕在结束“滚动”后播放的帧数。

（5）缓入：字幕开始逐渐变快的帧数。

（6）缓出：字幕末尾逐渐变慢的帧数。

练习题

一、选择题

❶ 镜头的运动方式包括（　　）

A. 推、拉镜头　　B. 摇镜头

C. 跟镜头　　D. 升、降镜头

❷ 以下哪种灯光常被用作轮廓光（　　）

A. 顺光　　B. 逆光

C. 侧逆光　　D. 顶光

❸ 三点式布光通常用于拍摄较小的场景，需要使用三盏灯，分别是（　　）

A. 主光　　B. 装饰光

C. 辅光　　D. 轮廓光

❹ 以下选项属于视频格式的是（　　）

A. WAV格式　　B. MPEG格式

C. MP3格式　　D. AVI格式

❺ 关于稳定器的使用技巧描述正确的是（　　）

A. 务必在安装好相机或手机等拍摄设备后再启动稳定器

B. 摄影师应使稳定器与身体保持适当距离

C. 使用稳定器有优先手的选择

D. 手持相机稳定器的使用精髓在于培养稳定的行走意识

二、判断题

❶ 摇镜头是指拍摄设备不作移动，借助于活动底盘使摄影镜头上下左右，甚至周围的旋转拍摄，有如人的目光顺着一定的方向对被摄对象巡视。（　　）

❷ 主体与陪体的关系既相互矛盾又相互依存，主体是重点拍摄和表现的物体，是画面的重点、构图的期望点，更是主题思想的主要表现者。（　　）

❸ 通常情况下，辅光的强度可以超过主光的强度，在拍摄主体上形成明显的辅光投影。（　　）

❹ 帧是构成视频的最小单位，每一幅静态图像称为一帧。（　　）

❺ 一般来说，三脚架的高度应该与摄影师的胸部高度相当，这样可以更好地支撑相机，避免出现晃动的情况。（　　）

模块 4

新农村短视频项目实训

模块导读

本模块是全书的实训项目。以4种类型的新农村短视频为例，项目典型、真实、完整。通过本模块，明确新农村短视频撰写脚本与分镜→正式拍摄→剪辑制作这一完整的工作流程，提升读者的相关技能，培养创新思维和团队协作能力等多方面的能力，增强读者热爱乡土的“三农”情怀。

学习目标

知识目标：

（1）了解4类短视频的概念特点。

（2）掌握4类短视频的分类及注意事项。

（3）熟悉4类新农村短视频的工作流程。

能力目标：

（1）能够独立完成4类新农村短视频脚本策划、脚本编写和分镜头设计。

（2）能够依据脚本独立完成4类新农村短视频的拍摄。

（3）能够熟练运用Premiere软件对4类新农村短视频进行后期处理。

素养目标：

（1）养成团队协作与沟通能力，共同完成新农村短视频任务。

（2）养成认真踏实、细心耐心、注重合作、积极上进的工作作风，具有良好的服务意识。

（3）具备创新审美思维，创作有魅力的新农村短视频。

第一节 制作农村知识类口播短视频

一、口播短视频

（一）概念

口播短视频是指以口头陈述为主，辅以视觉画面来传达信息的短视频形式。这类视频的特点是主播直接面向观众，通过语言、表情和动作来传递内容，与观众建立直接的联系。

（二）特点

（1）内容丰富：口播短视频通常包含丰富的信息，主播可以通过解说或评论来详细阐述某个主题或观点，使观众能够更深入地了解内容。

（2）视频时长短：口播短视频的时长一般较短，通常在几分钟以内，这使得观众能够在短时间内获取所需信息，符合现代人快节奏的生活方式。

（3）互动性强：由于主播直接面向观众，口播短视频往往具有较强的互动性。主播可以通过提问、引导讨论等方式与观众进行互动，提高观众的参与度和黏性。

（三）分类

口播短视频的分类多种多样，可以根据内容、形式或目的进行划分。常见的分类包括：

（1）教育类口播短视频：以教育、知识传授为主要内容，如科普知识、学习方法等。

（2）娱乐类口播短视频：以娱乐、休闲为主要目的，如搞笑段子、明星八卦等。

（3）产品推广类口播短视频：以推广产品、服务为主要内容，通过主播的介绍和演示来吸引观众购买。

（四）注意事项

（1）内容策划：首先，要明确视频的主题和目的，确保内容能够吸引目标受众。选题要具有吸引力，可以关注实时热搜话题或对标账号的爆款内容，从中获取灵感。同时，要注意内容的逻辑性和连贯性，确保观众能够轻松理解。

（2）语言表达：口播视频的核心是语言，因此，要注意语言的准确性和生动性。熟悉稿件，理解其中的内容和要点，确保在传递信息时准确、清晰。同时，要注重语调和节奏的把握，通过适当的停顿、变调和语速控制，增强表达的感染力和吸引力。

（3）视觉呈现：虽然口播视频以语言为主，但视觉呈现也很重要。可以选择适当的背景、布置和道具，使画面看起来整洁、专业。此外，可以根据内容需要添加适当的图片、视频素材或动画效果，以增强视觉效果。

（4）录音与剪辑：确保录音设备清晰，避免噪声干扰。在剪辑过程中，要注意删除无关的片段，保留重点，使视频更加精炼。同时，可以对视频进行美化处理，如调整颜色、添加滤镜等，但注意不要过度美化。

（5）速度与音量：视频的播放速度和音量也要适中。过慢的速度可能会让观众失去耐心，而过快的速度则可能导致信息传达不清。音量要确保观众能够听清楚，但也要避免过大或过小。

（6）背景音乐：适当添加背景音乐可以增强视频的氛围和观众的观看体验。但要注意选择适合的音乐，并确保音乐不会干扰到口播内容的传达。

（7）互动与反馈：口播视频不仅仅是单向传达信息，还要与观众进行互动。可以在视频中添加提问、投票等互动环节，鼓励观众参与讨论。同时，要关注观众的反馈和评论，根据反馈进行优化和调整。

二、项目实训

（一）脚本撰写

《四月黄瓜管理技巧》文学脚本

外景，瓜田，白天

主播蹲在瓜田里讲解农业知识。

主播：四月份种黄瓜不会管理的呀，看过来，今天给大家讲一下。一定要保存好这条视频，以免用的时候您就找不到了。怎么让黄瓜长势好，结瓜多呢？第一次结的瓜纽和花苞呀，要及时地摘掉。老叶和病叶也要摘掉。先长秧子，再留果实。一般黄瓜呀，在8片叶以下不要留瓜，这个时候建议呀，所有的瓜纽、侧枝、瓜须全部掐掉。达到8片叶以上再开始留，这样黄瓜不仅长得高，而且结瓜多。产量高既能让您的黄瓜提高品质，又能增产增收，您记住了吗？

（二）正式拍摄

（1）主播详细阅读脚本，熟悉文字保证拍摄时能脱稿。

（2）选取合适的拍摄环境和辅助道具。拍摄时保持画面的构图平衡，尽量使用自然光顺光拍摄。移动镜头要平稳有规律，合理对焦。

（3）根据脚本完成农村知识类口播短视频拍摄。

需要注意的是：

①拍摄过程中反复拍摄是正常状况，不用追求一次性完成。但为追求较高的工作效率，减少拍摄负面状况，主播要提前熟悉脚本文字。

②拍摄过程中，如果发现脚本问题，可以根据现场拍摄实际情况优化脚本文字。但如果需要深度修改，建议暂停拍摄。等待脚本完善后，再进行拍摄工作。制作团队养成经常性沟通总结的工作习惯，尽力降低拍摄时调整脚本频率。

（三）后期制作

1. 新建项目与序列

（1）新建项目。启动Premiere 2022软件，弹出“开始”欢迎界面、单击“新建项目”按钮，弹出“新建项目”对话框，在“位置”选项中选择文件保存的路径，在“名称”文本框中输入文件名“四月份种黄瓜，教你管理技巧”，如图4-1所示。单击“确定”按钮，完成创建。

视频11
制作农村知识类
口播短视频

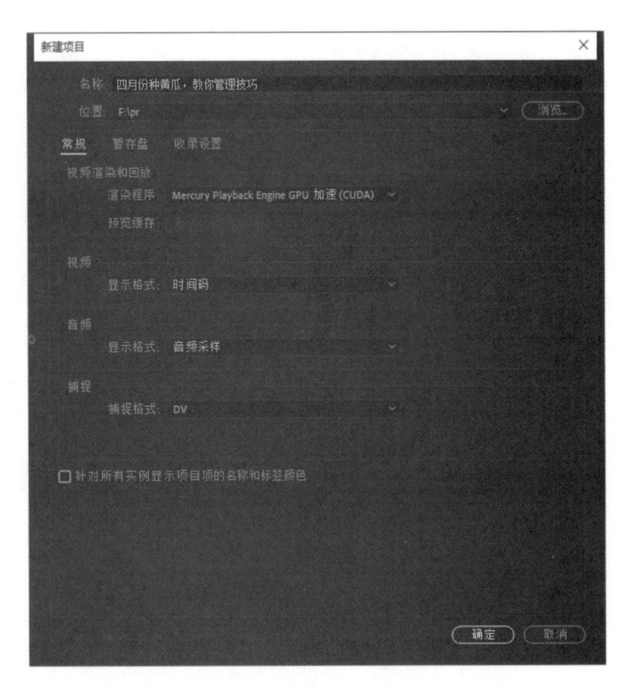

图4-1　新建项目

（2）新建序列。选择“文件>新建>序列”命令，弹出“新建序列”对话框，在“设置”选项中选择相应参数，在“名称”文本框中输入文件名“四月份种黄瓜，教你管理技巧”，如图4-2所示，单击“确定”按钮，完成创建。

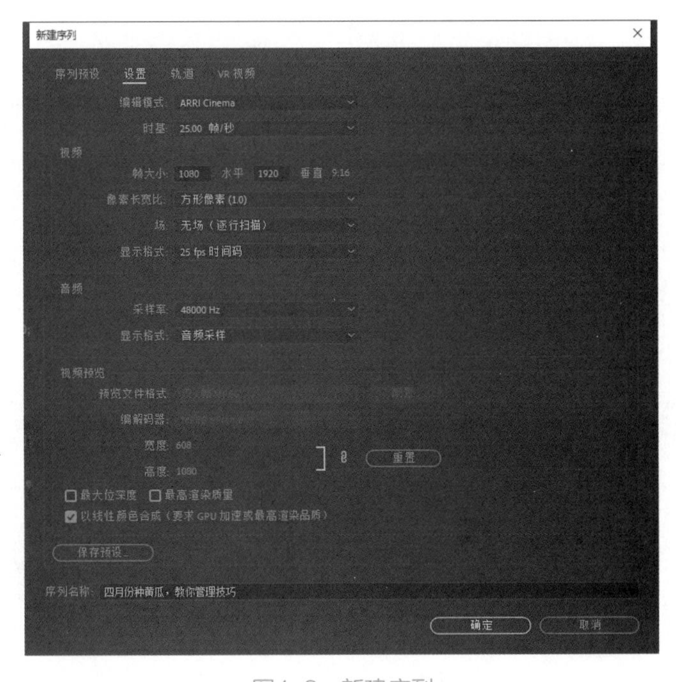

图4-2　新建序列

2. 导入视频素材

选择“文件>导入”命令，弹出“导入”对话框，选择云盘中的“C：\Users\HP\Desktop\农村知识类口播短视频\文件（1）”，单击“打开”按钮，将视频文件导入“项目”面板中，如图4-3所示。再将视频拖拽至新序列视频轨道中。

图4-3 导入素材

3. 添加并处理文本

（1）添加标题。将时间标签放置在00:00:00:00的位置，按T键切换“文字工具”在“节目”窗口顶部居中的位置创建文字，文字为“四月份种黄瓜，教你管理技巧”作为视频标题，调整文本外观和格式，如图4-4所示。将时间标签放置在片尾的位置，将鼠标放置图片结尾处，当鼠标指针呈左箭头状态单击，选取编辑点。按E键，将所选编辑点扩展到播放指示器的位置，如图4-5所示。

（2）添加字幕。将时间标签放置在00:00:00:00的位置，按T键切换“文字工具”在“节目”窗口主播下方的位置创建文字，文字为“四月份种黄瓜不会管理的呀看过来”作为字幕内容，调整文本格式，如图4-6所示。将时间标签放置在00:00:03:06的位置，将鼠标放置图片结尾处，当鼠标指针呈左箭头状态单击，选取编辑点，如图4-7所示。按E键，将所选编辑点扩展到播放指示器的位置，如图4-8所示。依次添加后续字幕。

图4-4 添加标题

4. 添加背景音乐

将时间标签放置在00:00:00:00的位置，将“项目”面板中的“背景音乐”文件拖拽到“时间线”面板中的“音频2”轨道中，并裁剪到合适位置，如图4-9所示。

选择“效果>音频过渡>交叉淡化>指数淡化”，如图4-10所示。拖动应用到“音频”文件片尾，即可完成音频过渡效果，如图4-11所示。

5. 导出视频

选择“文件>导出>媒体”命令，弹出“导出设置”对话框，具体的设置如图4-12所示。单击“导出”按钮，导出视频文件。

图4-5　扩展标题

图4-6　添加字幕

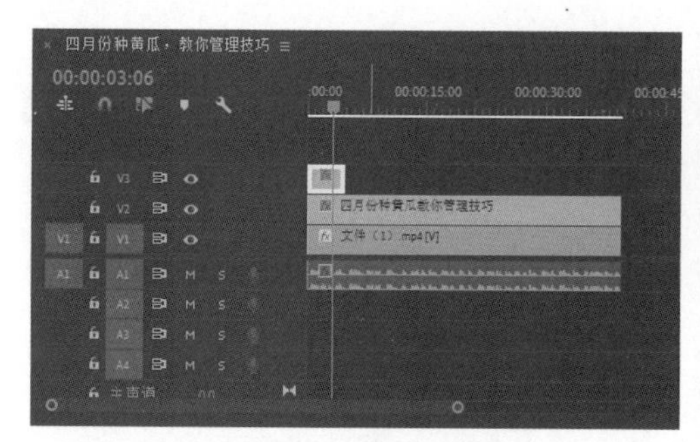

图4-7　选取编辑点

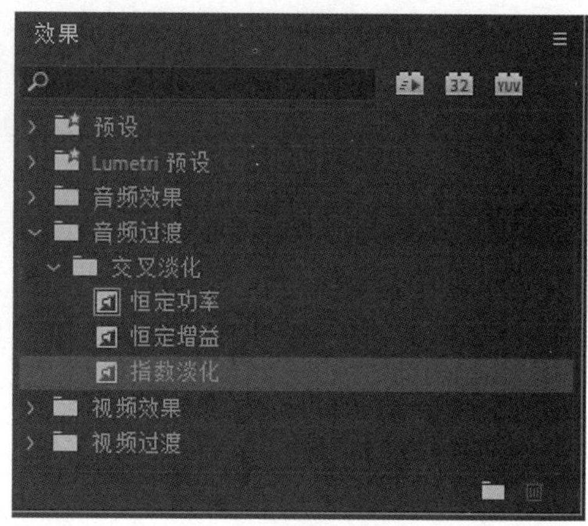

图4-10　效果设置

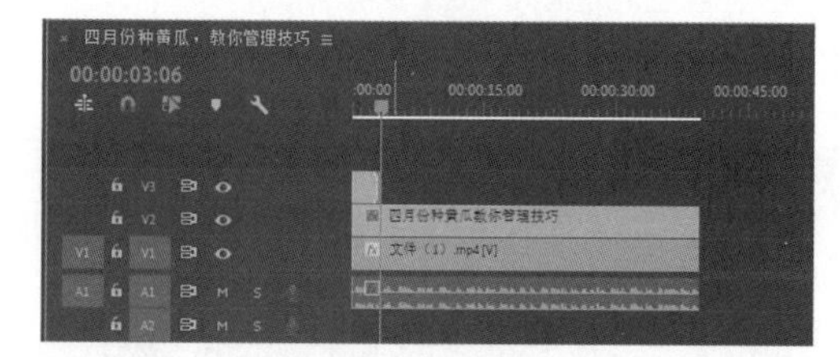

图4-8　添加字幕

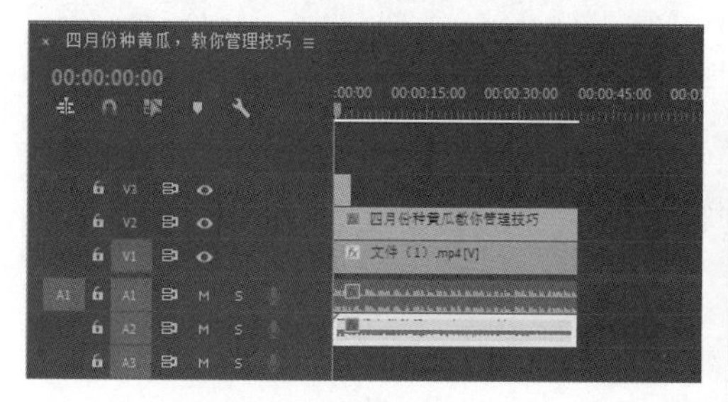

图4-9　添加背景音乐

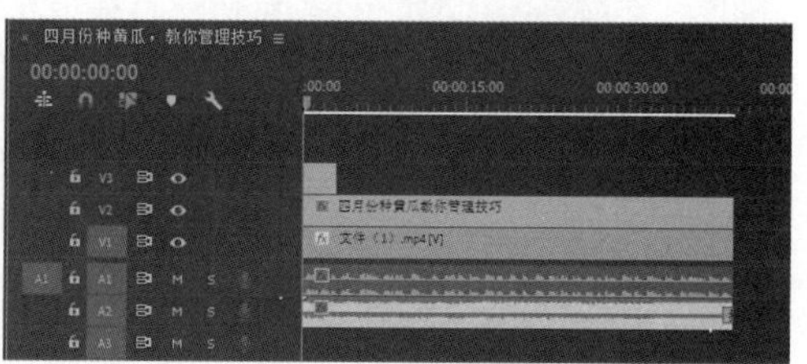

图4-11　应用效果

图4-12　导出视频

第二节 制作农村生活类 vlog 短视频

一、vlog 短视频

（一）概念

vlog（videoblog）短视频是一种视频形式，集文字、图像和音频于一体，通过剪辑美化后，能表达人格化和展示创作者日常生活的视频日记。vlog的长度通常在1～10分钟之间，内容大多为以拍摄者为主角的个人生活记录或具有个人特色的视频日记。

（二）特点

（1）真实性和个性化：vlog强调真实性和个性化，不同于一些制作精良的商业节目或电影。观众更看重vlog的真实性和作者个人的独特视角，更容易与作者建立情感连接。

（2）社交互动：vlog是一种社交媒体形式，作者通过分享自己的人生经验和见解，能吸引一批忠实的观众和粉丝。观众可以通过评论、点赞、分享等方式与作者互动，表达他们对视频的看法和支持。

（三）分类

（1）旅行类：记录旅行过程和所见所闻，分享旅行经验和感受。

（2）美食类：展示制作美食的过程，分享美食心得和体验。

（3）手工类：记录手工制作的过程，分享创意和技巧。

（4）宠物相关：记录宠物的日常生活，分享与宠物相处的点滴。

（四）注意事项

（1）素材积累：应尽可能多地积累素材，这样在运用素材的时候才能给自己留点余地。

（2）画面稳定与画质：画面要稳定，内容要清晰，避免出现噪点，确保画质高。

（3）其他技术手段：可以适当使用升格镜头、降格镜头以及延时拍摄等电影摄影中的技术手段，增强视频的观赏性和艺术感。

二、项目实训

（一）脚本撰写

《挖竹笋》（总时长：36秒）提纲脚本

一、主题：挖竹笋vlog

二、目标受众：乡土情结者、向往农村生活者和普通观众

三、内容框架

1. 开场（5秒）

镜头：爸爸拿着锄头卖力挖笋。

旁白：在农村沉浸式挖笋是什么体验。

2. 主要内容

段落一：前往挖笋（10秒）

镜头：镜头跟随人物行走，展现沿途的农村风光。

旁白：解释事件起因和介绍景色。

段落二：正式挖笋（8秒）

镜头：聚焦在竹林里，展示人物寻找竹笋、挖笋的过程。

旁白：介绍挖笋的过程。

3. 结尾（13秒）

镜头：展示收获成果和处理过程。

旁白：总结感慨今日的成果，感谢观众的观看。

（二）正式拍摄

（1）工作人员详细阅读分镜脚本，了解脚本内容和涉及的场景。

（2）选取合适的拍摄环境和辅助道具。拍摄时保持画面的构图平衡，尽量使用自然光顺光拍摄。移动镜头要平稳有规律，合理对焦。

（3）根据分镜脚本拍摄视频。需要注意的是：

①拍摄过程中反复拍摄是正常状况，不用追求一次性完成。但为追求较高的工作效率，减少拍摄负面状况，拍摄团队要认真阅读脚本设计。

②拍摄过程中，如果发现脚本问题，可以根据现场拍摄实际情况优化脚本结构。但如果需要深度修改，建议暂停拍摄。等待脚本完善后，再进行拍摄工作。制作团队养成经常性沟通总结的工作习惯，尽力降低拍摄时调整脚本频率。

③如果使用多组镜头切换拍摄录制，要为视频、音频素材整理标号，方便后期剪辑。

（三）后期制作

视频12
制作农村生活类
vlog短视频

1. 新建项目与序列

（1）新建项目。启动Premiere 2022软件，弹出“开始”欢迎界面，单击“新建项目”按钮，弹出“新建项目”对话框，在“位置”选项中选择文件保存的路径，在“名称”文本框中输入文件名“在农村挖竹笋的一天vlog”，如图4-13所示。单击“确定”按钮，完成创建。

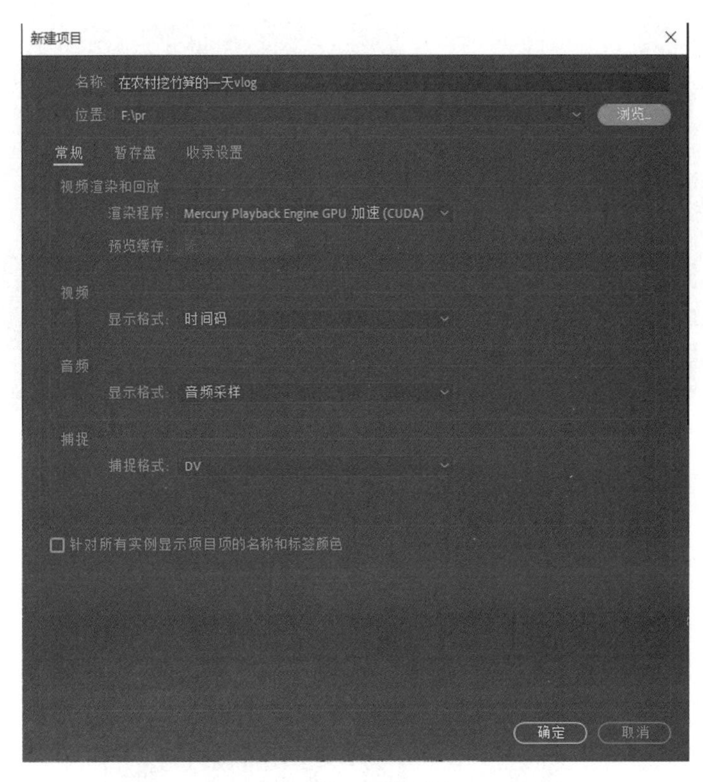

图4-13　新建项目

（2）新建序列。选择“文件>新建>序列”命令，弹出“新建序列”对话框，在“设置”选项中选择相应参数，在“名称”文本框中输入文件名“在农村挖竹笋的一天vlog”，如图4-14所示，单击“确定”按钮，完成创建。

2. 导入视频素材进行镜头组接

（1）导入素材。选择“文件>导入”命令，弹出“导入”对话框，选择云盘中的“C:\Users\HP\Desktop\农村生活类vlog短视频\文件（1）……文件（12）”，单击“打开”按钮，将视频文件导入“项目”面板中，如图4-15所示。再将视频拖拽至新序列视频轨道中。

（2）镜头组接。将“项目”面板中的“文件（1）……文件（12）”文件拖拽到“时间线”面板中的“视频1”轨道中，按顺序组接好，如图4-16所示。

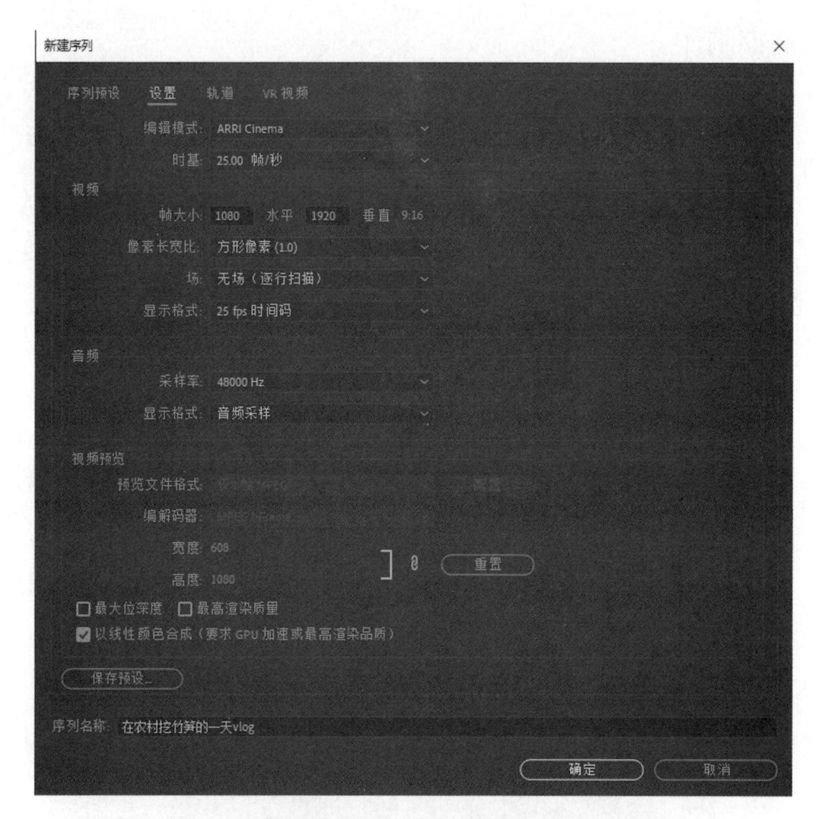

图4-14 新建序列

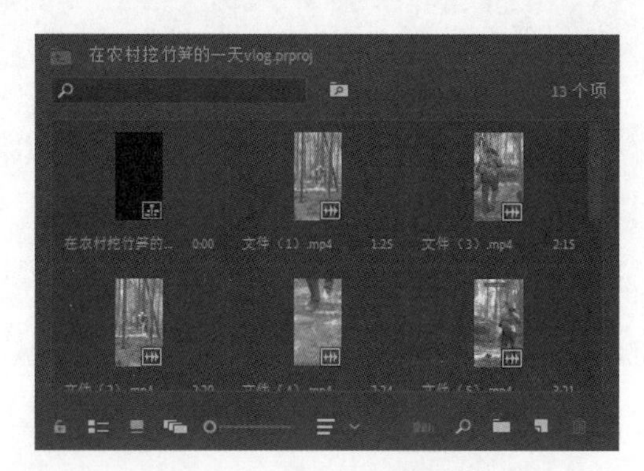

图4-15 导入素材

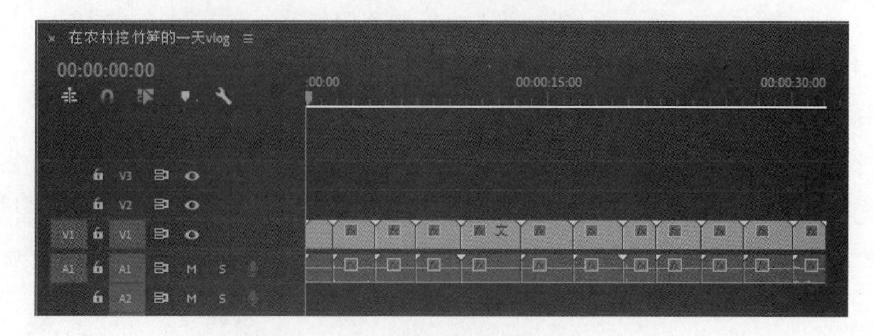

图4-16 镜头组接

3. 添加配音和背景音乐

（1）添加配音。将时间标签放置在00:00:00:00的位置，将“项目”面板中的“配音”文件拖拽到“时间线”面板中的“音频2”轨道中，并根据声音调整视频长度，效果如图4-17所示。

（2）添加背景音乐。将时间标签放置在00:00:00:00的位置，将“项目”面板中的“背景音乐”文件拖拽到“时间线”面板中的“音频3”轨道中，并剪切到合适位置，如图4-18所示。

选择“效果>音频过渡>交叉淡化>指数淡化”。拖动应用到“音频”文件片尾，完成音频过渡效果。

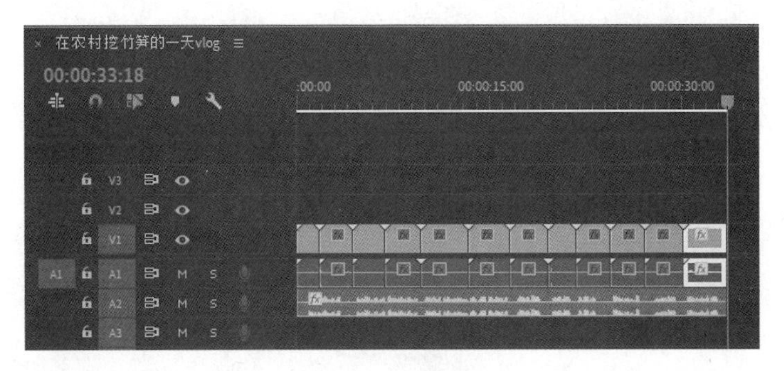

图4-17　添加配音

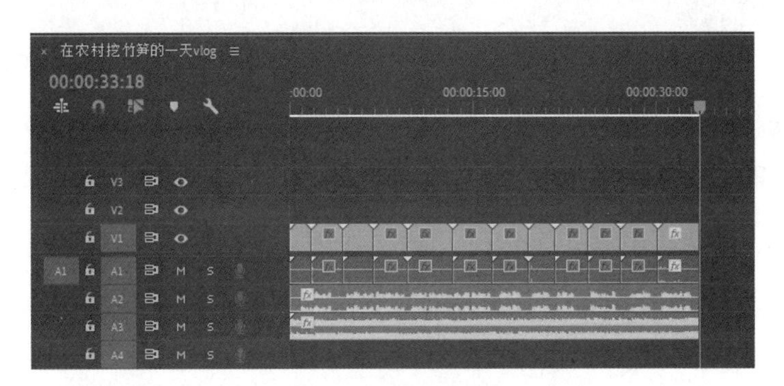

图4-18　添加背景音乐

4. 添加运动效果

将时间标签放置在00:00:30:04的位置，选中文件（12），单击“效果控件”，将“缩放”参数设置为“316”，如图4-19所示。

5. 添加视频过渡

在“效果”面板中展开“视频过渡”特效分类选项，单击“溶解”文件夹的三角形按钮>将其展开，选中“交叉溶解”特效，如图4-20所示。将“交叉溶解”特效拖拽到“时间线”面板中文件（2）终止位置，如图4-21所示。用相同的方法根据视频的节奏在其他镜头组接位置添加合适的转场效果。

6. 添加字幕

将时间标签放置在00:00:00:15的位置，按T键切换“文字工具”在“节目”窗口画面居中的位置创建文字，文字为“在农村沉浸式挖笋是什么体验?”。将时间标签放置在00:00:03:21的位置，将鼠标放置文本文件结尾处，当鼠标指针呈左箭头状态时单击，选取编辑点。按E键，将所选编辑点缩减到播放指示器的位置，如图4-22所示。依次将其他字幕添加至相应位置。

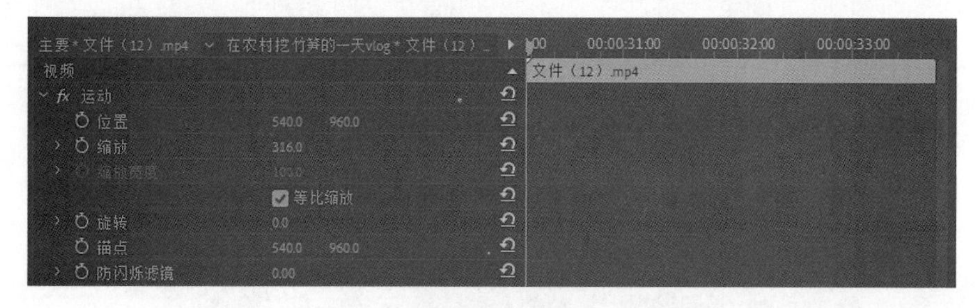

图4-19 添加“缩放”效果

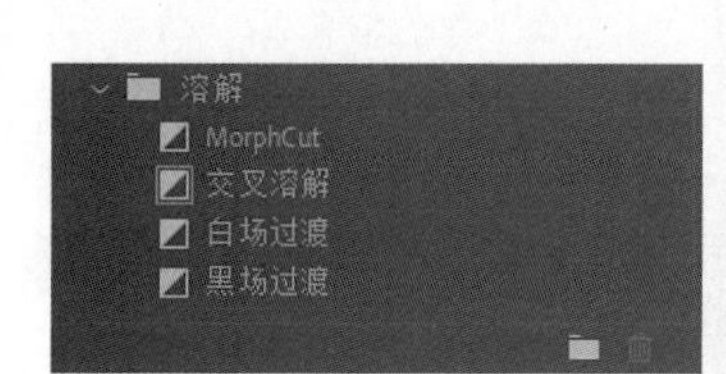

图4-20 “交叉溶解”特效

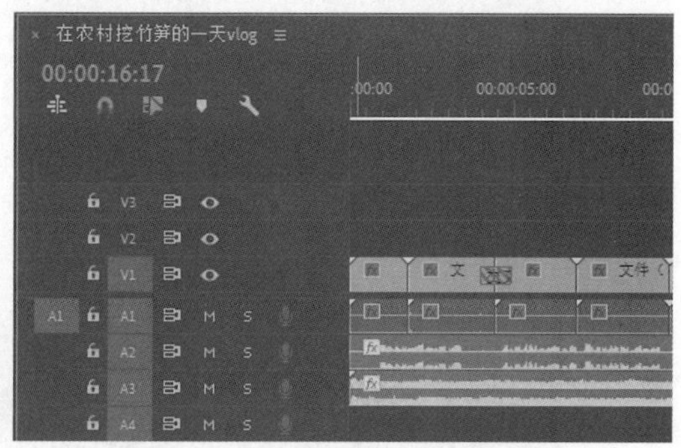

图4-21 添加“交叉溶解”特效效果

图4-22 添加字幕

7. 导出视频

选择“文件>导出>媒体”命令，弹出“导出设置”对话框，具体的设置如图4-23所示。单击“导出”按钮，导出视频文件。

图4-23　导出视频

第三节 制作民俗非遗类纪录短视频

一、纪录短视频

（一）概念

纪录短视频是通过短视频形式来记录和呈现真实事件、场景或人物的一种视频类型。它结合了纪录片的真实性和短视频的精炼性，旨在以简短、生动的方式展现生活中的点滴细节和真实故事。

（二）特点

（1）真实性：纪录短视频的内容必须是真实的，不允许虚构或夸张。它通过拍摄真实场景、记录真实事件或采访真实人物来展现生活的原貌。

（2）精炼性：由于视频长度的限制，纪录短视频需要在短时间内传递信息，因此，内容必须精炼、紧凑，能够迅速吸引观众的注意力。

（3）生动性：为了吸引观众，纪录短视频往往采用生动有趣的叙事方式，运用画面、声音和文字等元素来增强视频的感染力和观赏性。

（三）分类

（1）生活纪录型：主要记录人们的日常生活、风俗习惯、社会现象等，展现生活的多样性和丰富性。

（2）人物纪录型：以特定人物为主角，记录其成长经历、性格特点、职业生活等方面，展现人物的魅力和个性。

（3）事件纪录型：记录重大事件、历史时刻或特殊场合，展现事件的经过和影响，具有历史价值和纪念意义。

（四）注意事项

（1）选题策划：选择具有代表性、有趣味性的主题，确保内容能够吸引观众并传递有价值的信息。

（2）拍摄技巧：掌握基本的拍摄技巧，如构图、光线运用、镜头切换等，确保画面清晰、稳定、美观。

（3）后期制作：在剪辑、配乐、字幕等方面下功夫，使视频更加流畅、生动、有趣。

（4）尊重隐私：在拍摄过程中要尊重被拍摄者的隐私权，避免泄露敏感信息或侵犯他人权益。

二、项目实训

（一）脚本撰写

1. 确定选题

蜡染，古称蜡缬，是我国民间传统纺织印染手工艺，与绞缬（扎染）、灰缬（镂空印花）、夹缬（夹染）并称为我国古代四大印花技艺。蜡染是以蜡为防染剂，用熔融的蜡液直接在布上绘出图案，因蜡质凝固后具有拒水拒染的特性，染色时涂料无法渗入上蜡的部位，去蜡后则显现出因蜡保护而产生的美丽图案。蜡染是中国传统文化和民间手工艺的重要代表之一，具有深厚的文化内涵和独特的艺术价值。

2. 策划内容

介绍蜡染的制作技艺和人文情怀。

3. 撰写解说词

蜡染，一种源自古老东方的神奇技艺。它以蜡为笔，以布为纸，绘制出五彩斑斓的艺术世界。蜡染艺术历史悠久，最早可追溯到秦汉时期。它承载着丰富的文化内涵，是中华民族传统工艺中的瑰宝。蜡染的工具简单却独特，蜡刀和蜡块是绘制图案的关键。而优质的布料则是蜡染作品完美呈现的基础。蜡染的制作过程看似简单，实则需要匠人们精湛的技艺和无尽的耐心。每一个步骤都凝聚着匠人的心血和智慧。如今，蜡染技艺正面临着传承和发展的挑战。但幸运的是，越来越多的年轻人开始关注和学习这门技艺，他们正在用自己的方式，将蜡染艺术传承下去。

4. 撰写分镜头脚本

《蜡染》分镜头脚本

镜号	景别	技巧	时间	画面	解说词	音乐	备注
1	全景	移	5秒	晾晒的染布被风吹起	蜡染，一种源自古老东方的神奇技艺	舒缓	
2	近景	拉	6秒	工匠俯首绘制图案	它以蜡为笔，以布为纸，绘制出五彩斑斓的艺术世界	舒缓	
3	中近景	移	5秒	花色图案不同的染布	蜡染艺术历史悠久，最早可追溯到秦汉时期	舒缓	
4	近景	跟	7秒	工匠将染好的布递给别人	它承载着丰富的文化内涵，是中华民族传统工艺中的瑰宝	舒缓	
5	特写	移	3秒	蜡块在容器里融化，蜡刀搅拌	蜡染的工具简单却独特	舒缓	
6	特写	移	4秒	沾点蜡液准备绘制图案	蜡刀和蜡块是绘制图案的关键	舒缓	
7	大特写	跟	5秒	蜡刀在布料上勾勒花纹	而优质的布料则是蜡染作品完美呈现的基础	舒缓	
8	近景	拉	4秒	蜡刀竖着绘制花纹	蜡染的制作过程看似简单	舒缓	
9	特写	移	4秒	蜡刀横过来绘制花纹	实则需要匠人们精湛的技艺和无尽的耐心	舒缓	
10	特写	固定	2秒	揉搓布料上色	每一个步骤	舒缓	
11	近景	固定	3秒	提起染布，染液滴落	都凝聚着匠人的心血和智慧	舒缓	
12	特写	跟	6秒	染布上的花纹展示	如今，蜡染技艺正面临着传承和发展的挑战	舒缓	

续表

镜号	景别	技巧	时间	画面	解说词	音乐	备注
13	特写	移	3秒	晾晒的染布随风拂动	但幸运的是，越来越多的年轻人	舒缓	
14	特写	固定	3秒	学徒学习绘制图案	开始关注和学习这门技艺	舒缓	
15	全景	移	5秒	一幅幅染布随风摆动	他们正在用自己的方式，将蜡染艺术传承下去	舒缓	

（二）正式拍摄

（1）工作人员详细阅读脚本大纲和解说词，了解脚本内容和涉及的场景。

（2）选取合适的拍摄环境和辅助道具。拍摄时保持画面的构图平衡，尽量使用自然光顺光拍摄。移动镜头要平稳有规律，合理对焦。

（3）根据脚本大纲拍摄视频。需要注意的是：

①拍摄过程中反复拍摄是正常状况，不用追求一次性完成。但为追求较高的工作效率，减少拍摄负面状况，拍摄团队要认真阅读脚本设计。

②拍摄过程中，如果发现脚本问题，可以根据现场拍摄实际情况优化脚本结构。但如果需要深度修改，建议暂停拍摄。等待脚本完善后，再进行拍摄工作。制作团队养成经常性沟通总结的工作习惯，尽力降低拍摄时调整脚本频率。

③如果使用多组镜头切换拍摄录制，要为视频、音频素材整理标号，方便后期剪辑。

（三）后期制作

1. 新建项目与序列

（1）新建项目。启动Premiere 2022软件，弹出“开始”欢迎界面、单击“新建项目”按钮，弹出“新建项目”对话框，在“位置”选项中选择文件保存的路径，在“名称”文本框中输入文件名“蜡染”，如图4-24所示。单击“确定”按钮，完成创建。

视频13
制作民俗非遗类纪录短视频

（2）新建序列。选择“文件>新建>序列”命令，弹出“新建序列”对话框，在“设置”选项中选择相应参数，在“名称”文本框中输入文件名“蜡染”，如图4-25所示，单击“确定”按钮，完成创建。

2. 导入视频素材进行镜头组接

（1）导入素材。选择“文件>导入”命令，弹出“导入”对话框，选择云盘中的“C:\Users\HP\Desktop\民俗非遗类纪录短视频\文件（1）……文件（15）”，单击“打开”按钮，将视频文件导入“项目”面板中，如图4-26所示。再将视频拖拽至新序列视频轨道中。

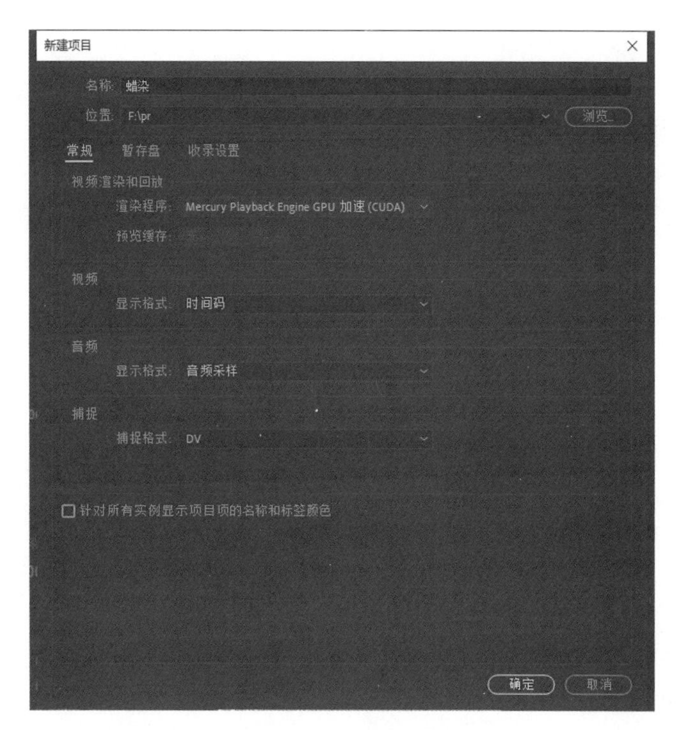

图4-24　新建项目

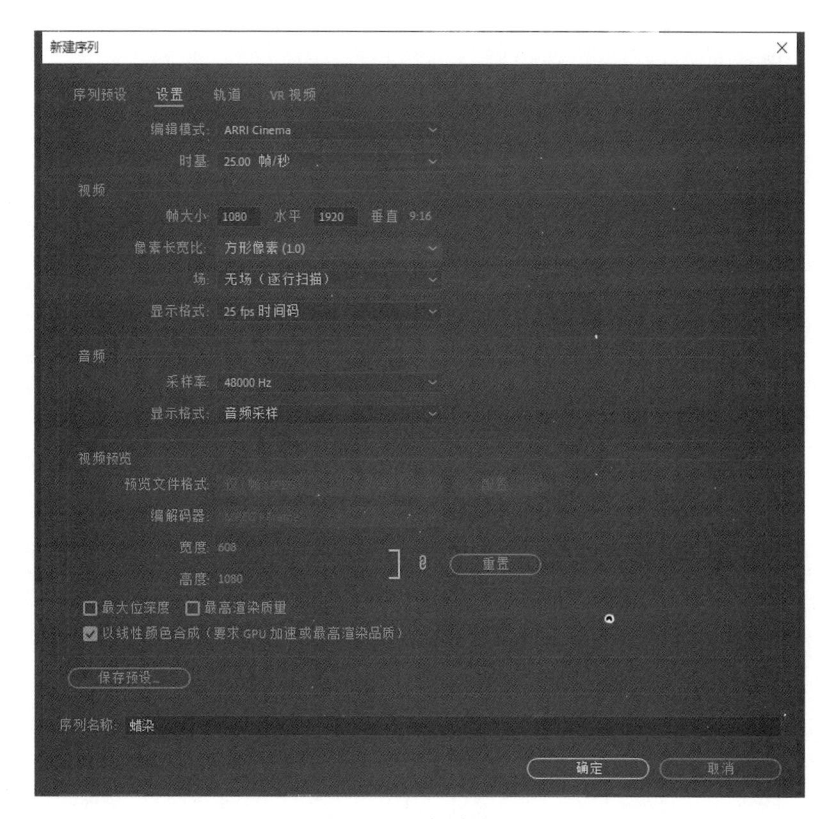

图4-25　新建序列

（2）镜头组接。将“项目”面板中的“文件（1）……文件（15）”文件拖拽到“时间线”面板中的“视频1”轨道中，按顺序组接好，如图4-27所示。

3. 添加解说词和背景音乐

（1）添加解说词。将时间标签放置在00:00:00:00的位置，将“项目”面板中的“配音”文件拖拽到“时间线”面板中的“音频2”轨道中，并根据声音调整视频长度，效果如图4-28所示。

（2）添加背景音乐。将时间标签放置在00:00:00:00的位置，将“项目”面板中的“背景音乐”文件拖拽到“时间线”面板中的“音频3”轨道中，并剪切到合适位置，如图4-29所示。

选择“效果>音频过渡>交叉淡化>指数淡化”。拖动应用到“背景音乐”文件片尾，即可完成音频过渡效果。

4. 添加视频效果

在“效果”面板中搜索“高斯模糊”效果，将“高斯模糊”效果拖拽到“时间线”画面的“文件2”文件的开始设置，如图4-30所示。

在效果控件上设置效果参数，单击效果选项前面的“切换动画”按钮，在00:00:10:02位置添加一个“高斯模糊”效果关键帧，如图4-31所示。然后拖动时间指针位置到00:00:10:19位置，修改“高斯模糊”效果选项的参数，系统会自动将修改添加为关键帧，如图4-32所示。

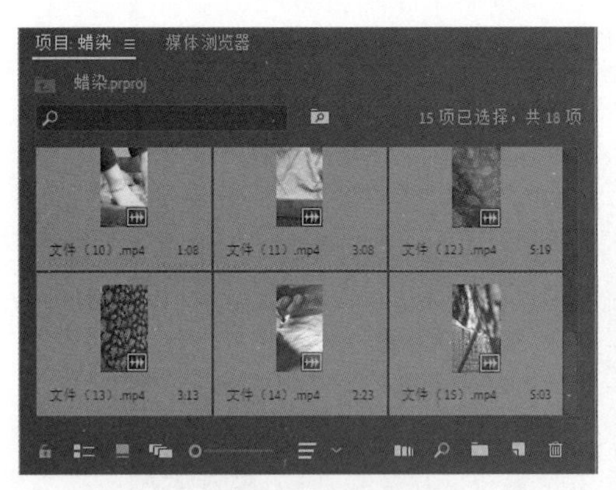

图4-26　导入素材

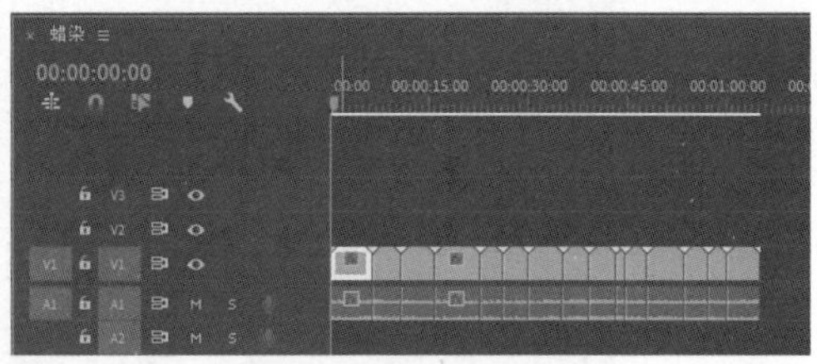

图4-27　镜头组接

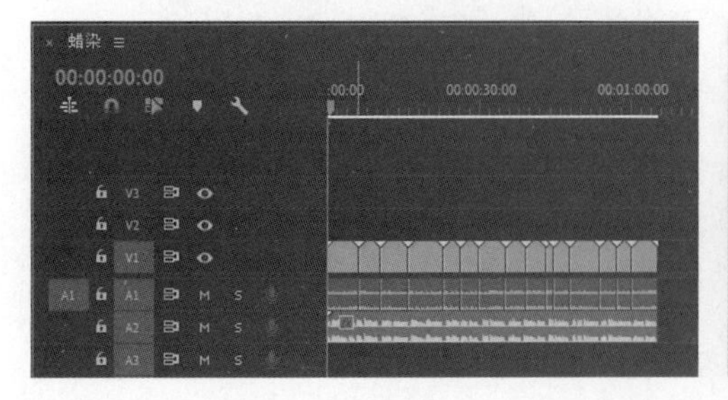

图4-28　添加解说词

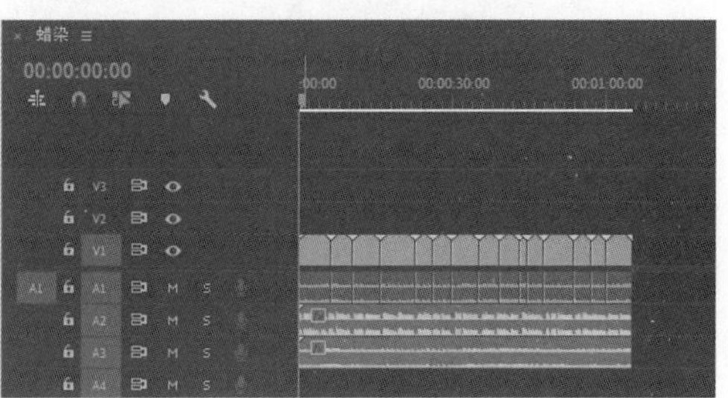

图4-29　添加背景音乐

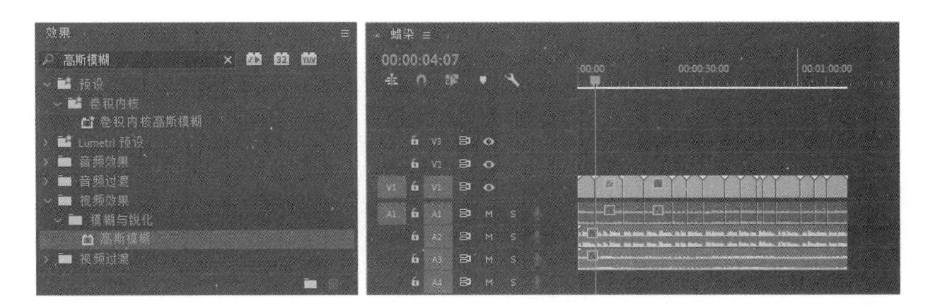

图4-30　添加“高斯模糊”效果

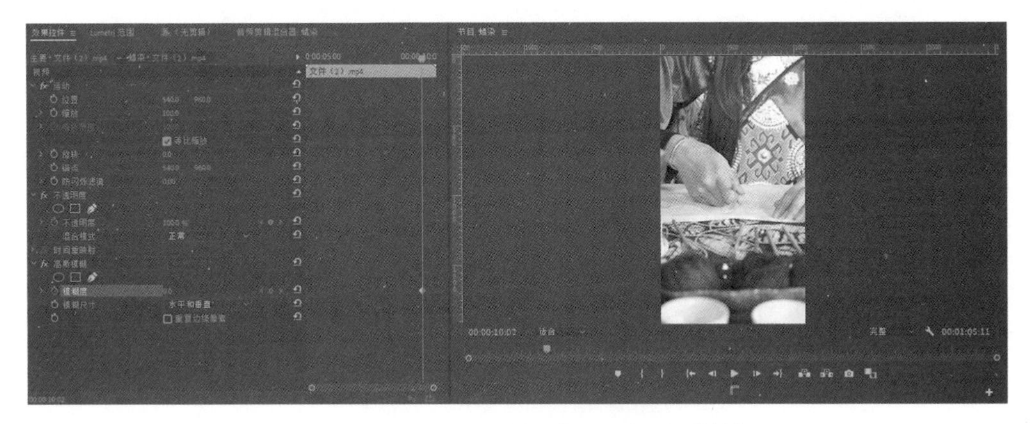

图4-31　添加“高斯模糊”效果起始关键帧

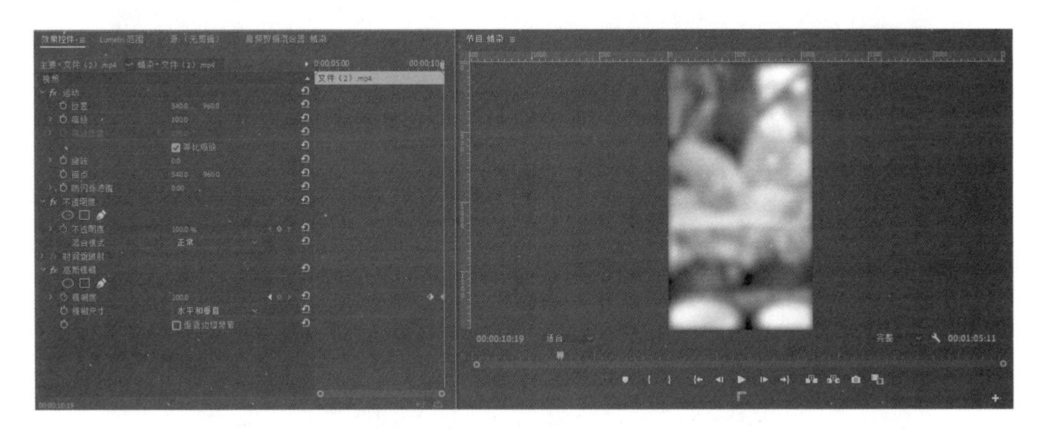

图4-32　添加“高斯模糊”效果结束关键帧

5. 添加并处理文本

（1）添加标题。将时间标签放置在00:00:10:16的位置，右键单击文件（2），选择“添加帧定格”。将时间标签放置在00:00:12:05的位置，将鼠标放置图片结尾处，当鼠标指针呈左箭头状态时单击，选取编辑点。按E键，将所选编辑点扩展到播放指示器的位置，如图4-33所示。

将时间标签放置在00:00:10:06的位置，按T键切换“文字工具”在“节目”窗口画面居中的位置创建文字，文字为“蜡染”。将时间标签放置在00:00:12:05的位置，将鼠标放置图片结尾处，当鼠标指针呈左箭头状态单击，选取编辑点。按E键，将所选编辑点扩展到播放指示器的位置，如图4-34所示。

在“效果”面板中单击“视频过渡”左侧的折叠按钮，选中“溶解>交叉溶解”，将其拖放到文本的开始位置，如图4-35所示。

（2）添加字幕。将时间标签放置在00:00:00:04的位置，按T键切换“文字工具”在“节目”窗口底部居中的位置创建文字，文字为“蜡染”。将时间标签放置在00:00:00:22的位

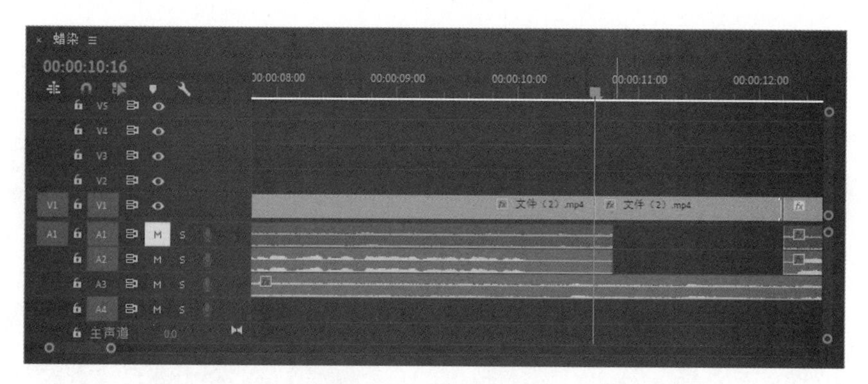

图4-33　添加帧定格

图4-34　添加标题

置，将鼠标放置图片结尾处，当鼠标指针呈左箭头状态单击，选取编辑点。按E键，将所选编辑点扩展到播放指示器的位置，如图4-36所示。依次将其他字幕添加至相应位置。

6. 导出视频

选择“文件>导出>媒体”命令，弹出“导出设置”对话框，具体的设置如图4-37所示。单击“导出”按钮，导出视频文件。

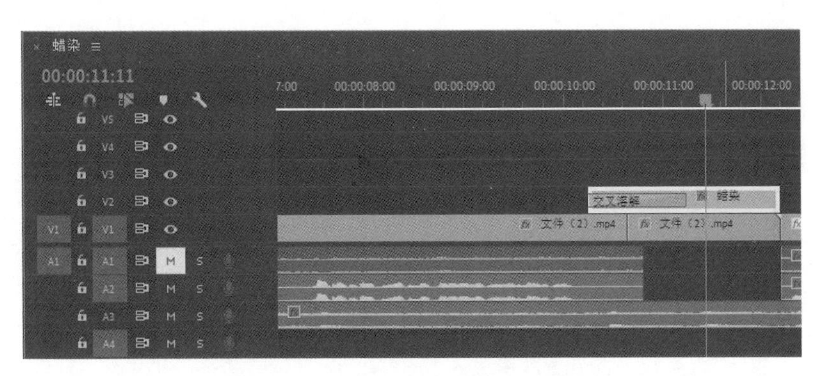

图4-35　添加“交叉溶解”效果

图4-36　添加字幕

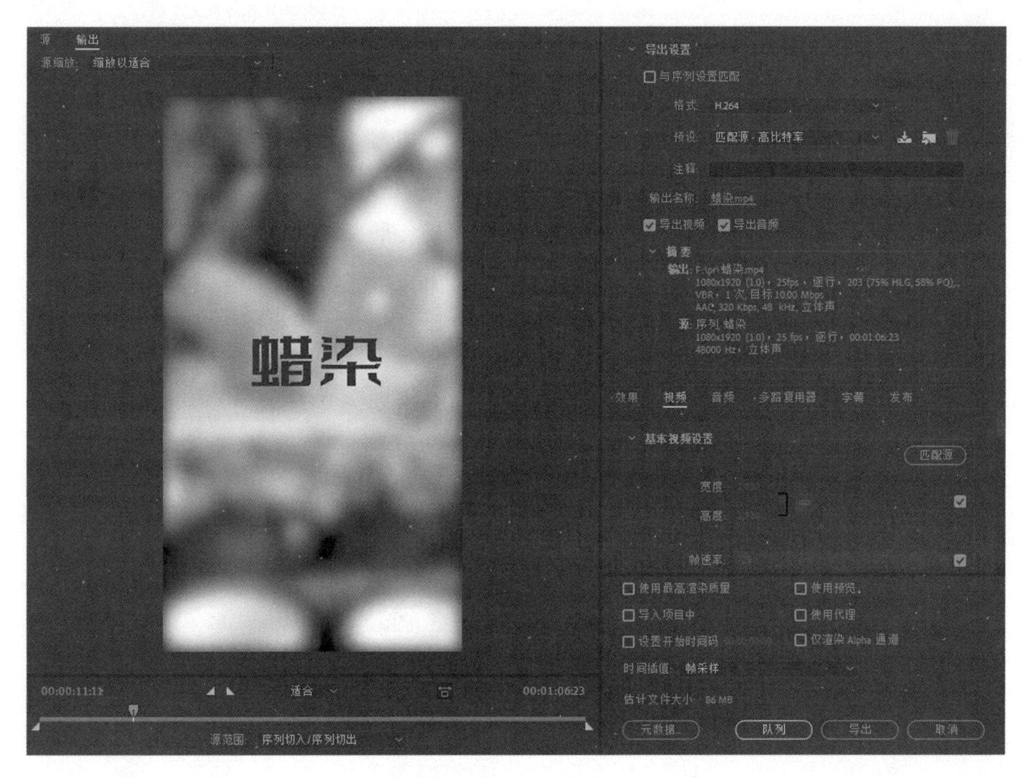

图4-37　导出视频

第四节　制作电商农产品宣传短视频

一、产品宣传短视频

（一）概念

产品宣传短视频是一种通过短视频形式展示和推广特定产品的短视频类型。这种短视频通常聚焦于产品的特点、功能、优势以及使用场景，旨在吸引潜在客户的兴趣并促进购买决策。

（二）特点

（1）直观展示：短视频以视觉形式直接展示产品，使得观众能够迅速了解产品的外观、功能和使用方法。

（2）简短精炼：产品宣传短视频通常在几分钟之内，以简短精练的方式传递核心信息，避免观众感到冗长乏味。

（3）吸引注意力：通过精彩的画面、音效和剪辑手法，产品宣传短视频能够迅速吸引观众的注意力，并留下深刻印象。

（三）分类

（1）直接展示型：直接展示产品的外观、功能和使用效果，突出产品的特点和优势。

（2）故事叙述型：通过讲述一个与产品相关的故事，将产品融入情节中，引发观众的情感共鸣。

（3）场景展示型：将产品置于实际使用场景中，展示产品在不同场景下的应用效果和便利性。

（四）注意事项

（1）明确目标受众：在制作之前，需要明确目标受众的需求和偏好，确保视频内容能够引起他们的兴趣和共鸣。

（2）突出产品特点：在视频中，要突出展示产品的独特之处和优势，让观众能够迅速了解产品的核心价值。

（3）注重画面质量：确保视频画面清晰、色彩鲜艳，能够充分展示产品的外观和细节。

（4）简洁明了的解说：配合视频内容，提供简洁明了的解说词，帮助观众更好地理解产品的特点和优势。

（五）产品策划方案的制作

产品策划是产品宣传短视频拍摄前必要的准备工作，制作产品策划方案的过程可以细分为以下几个步骤：

1. 明确目标与定位

（1）确定宣传目标：要明确视频宣传的主要目标，是提高品牌知名度、推广新产品，还是刺激购买意愿。

（2）定位目标受众：了解并定位目标市场，例如年轻人、家庭主妇等，以便根据他们的喜好和需求来定制内容。

2. 市场调研与竞品分析

（1）市场调研：深入了解农产品市场的现状、趋势以及消费者的购买行为和喜好。

（2）竞品分析：分析同类农产品的市场定位、宣传策略和优劣势，以便找到自己的差异化点。

3. 内容规划与创新表现

（1）确定内容：明确要在视频中传达的核心信息和卖点，如产品的独特性、营养价值或口感等。

（2）创新表现形式：运用动画、特效、配乐等手法来吸引用户的注意力，并突出产品的特点和魅力。

4. 资源整合与预算制定

（1）资源整合：充分利用现有资源，包括农产品、拍摄地点、专业设备和人员等，以优化视频制作效果。

（2）预算制定：根据视频制作的规模和复杂度，制定合理的预算，并确保各项费用在预算范围内。

5. 拍摄与制作计划

（1）场景选择：选择与农产品特点和宣传目标相匹配的拍摄场景。

（2）拍摄计划：制订详细的拍摄计划，包括时间安排、人员分工和拍摄顺序等。

（3）后期制作：规划视频的剪辑、音效和特效等后期制作流程，以提升视频质量。

6. 风险预测与应对方案

（1）风险预测：识别可能的风险因素，如天气变化、设备故障或人员变动等。

（2）应对方案：针对预测的风险因素，制定相应的应对措施和备选方案。

7. 效果评估与反馈机制

（1）设定评估标准：明确视频宣传效果的评价指标，如观看量、点赞数或转化率等。

（2）建立反馈机制：收集观众反馈，及时调整宣传策略和内容，以优化后续的宣传活动。

二、项目实训

（一）脚本撰写

1. 制作产品策划方案

茶叶产品策划方案

（一）市场分析

1. 环境分析

茶叶市场巨大并且在政府扶持下有上升趋势。因此，需要从各个方面打造个体特色，提升品牌的市场地位。可以考虑以下策略：

（1）合理定价。通过对茶叶市场的了解，可以发现，消费者大多会以价格作为选择的首要条件。因此，可以在这个方面下功夫，进行合理的定价，不仅考虑到成本因素，还要考虑到市场需求。

（2）市场推广。在市场推广方面，可以运用多种渠道来进行推广。首先可以通过网络推广的方式，发布品牌信息，同时可以考虑在各大网站开设平台，让顾客们方便购买。另外，在线下的推广方面，可以借助商超、超市、专卖店等销售渠道，最终提升品牌知名度。

（3）茶叶质量。考虑到市场上有许多香精茶的存在，但是这样的茶叶冲泡后，香气不自然，容易刺鼻，且不如天然茶叶的香气清新、持久。可以以天然有机茶作为宣传点，内含物质更为丰富，茶叶品质更佳，品饮口感更好，比香精茶的营养价值高得多。

2．消费者分析

茶叶的消费者绝大多数为男性，在茶叶消费者的年龄分布上，主流消费群体以中青年为主。茶叶的消费者集中在中高消费群。在职业分布上，茶叶消费者主要集中在企、事业人士，占74.3%。

3．产品分析

茶叶因为品种和制作方式的不同，风味和形状也各不相同。产品优势在于茶叶颜色翠玉，味道清爽，回味，内香，回甘。

（二）宣传策略

1．宣传目标

提高品牌知名度和认知度；增加销售额，提高品牌市场占有率；建立良好的品牌口碑和形象，吸引更多潜在消费者。

2．产品定位

按产品差异定位。茶叶来自开州，海拔800～1200米，土壤肥沃、山清水秀、云雾缠绕是产好茶的最佳地理位置，萌发的茶叶肥壮嫩绿，叶质柔软，茶多酚、氨基酸含量丰富，茶匠制作技巧高超。

3．宣传表现

以视频内容展现，展现茶叶产地环境及产品质量（色泽、质地）。

4．宣传媒介

可以通过网络推广的方式，发布品牌信息，同时可以考虑在各大网站开设平台，让顾客们方便购买。另外，在线下的推广方面，可以借助商超、超市、专卖店等销售渠道，最终提升品牌知名度。

2. 撰写宣传文案

在这片古老的土地上，生长着一种神奇的植物——茶叶。它们吸收着大自然的精华，孕育着独特的韵味。每一片茶叶，都承载着茶农的辛勤与智慧。品味一杯好茶，如同品味人生，回味无穷。茶叶，是大自然的馈赠，也是人类文化的瑰宝。我们用心制作，只为将最好的茶叶，带给每一个热爱生活的你。茶，让生活更美好。让我们一起，品味这大自然的馈赠，感受生活的韵味。

3. 撰写分镜头脚本

《茶叶宣传片》分镜头脚本

镜号	景别	技巧	时间	画面	配音	音乐	备注
1	远景	跟	6秒	茶园茶叶绿意盎然，晨雾缭绕	在这片古老的土地上，生长着一种神奇的植物——茶叶	舒缓	
2	特写	跟	4秒	茶园茶叶嫩芽，露珠滴落	它们吸收着大自然的精华，孕育着独特的韵味	舒缓	
3	远景	跟	3秒	茶农在茶园采茶，一片宁静祥和	每一片茶叶，都承载着茶农的辛勤与智慧	舒缓	
4	全景	跟	2秒	茶农在茶园边休息		舒缓	
5	近景	固定	6秒	茶汤倒入茶杯，清澈透亮	品味一杯好茶，如同品味人生，回味无穷	舒缓	
6	特写	固定	5秒	茶农采茶	茶叶，是大自然的馈赠，也是人类文化的瑰宝	舒缓	
7	全景	固定	5秒	茶匠炒茶	我们用心制作，只为将最好的茶叶	舒缓	
8	全景	固定	3秒	茶室茶香漫溢	带给每一个热爱生活的你	舒缓	
9	远景	固定	5秒	茶园朝阳景色	茶，让生活更美好。让我们一起，品味这大自然的馈赠，感受生活的韵味	舒缓	

（二）正式拍摄

（1）工作人员详细阅读脚本，了解画面内容和涉及的场景。

（2）根据脚本准备相关的拍摄辅助道具，调整恰当的拍摄环境与灯光氛围。通过摄像机调整画面构图。

（3）根据脚本拍摄视频。

需要注意的是：

①拍摄过程中反复拍摄是正常状况，不用追求一次性完成。但为追求较高的工作效率，减少拍摄负面状况，拍摄团队要认真阅读脚本设计。

②拍摄过程中，如果发现脚本问题，可以根据现场拍摄实际情况优化脚本结构。但如果需要深度修改，建议暂停拍摄。等待脚本完善后，再进行拍摄工作。制作团队养成经常性沟

通总结的工作习惯，尽力降低拍摄时调整脚本频率。

③如果使用多组镜头切换拍摄录制，要为视频、音频素材整理标号，方便后期剪辑。

（三）后期剪辑

1. 新建项目与序列

（1）新建项目。启动Premiere 2022软件，弹出“开始”欢迎界面，单击“新建项目”按钮，弹出“新建项目”对话框，在“位置”选项中选择文件保存的路径，在“名称”文本框中输入文件名“茶叶宣传片”，如图4-38所示。单击“确定”按钮，完成创建。

视频14
制作电商农产品
宣传短视频

（2）新建序列。选择“文件>新建>序列”命令，弹出“新建序列”对话框，在“设置”选项中选择相应参数，在“名称”文本框中输入文件名“茶叶宣传片”，如图4-39所示，单击“确定”按钮，完成创建。

2. 导入素材进行镜头组接

（1）导入素材。选择“文件>导入”命令，弹出“导入”对话框，选择云盘中的“C:\Users\HP\Desktop\农产品宣传短视频\文件（1）……文件（9）”，单击“打开”按钮，将视频文件导入“项目”面板中，如图4-40所示。

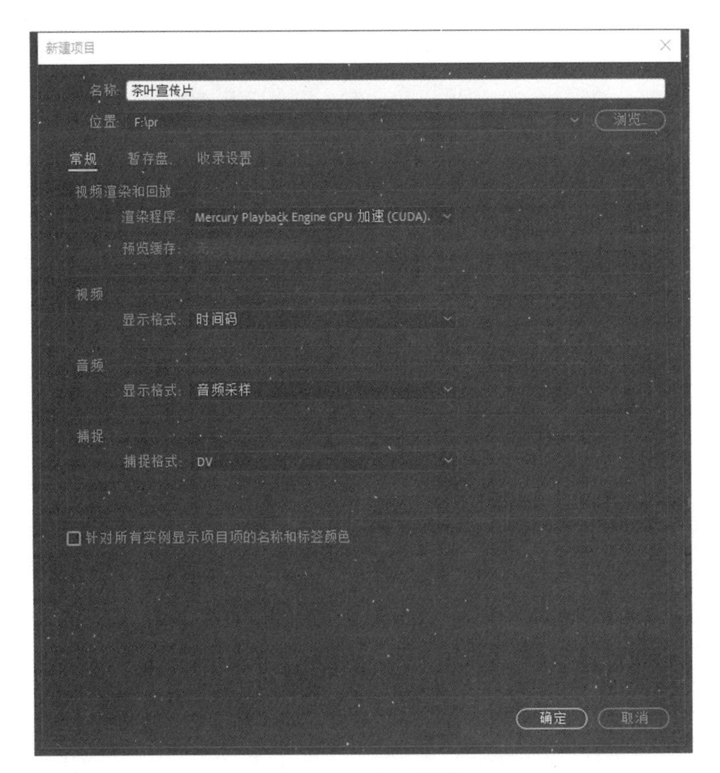

图4-38　新建项目

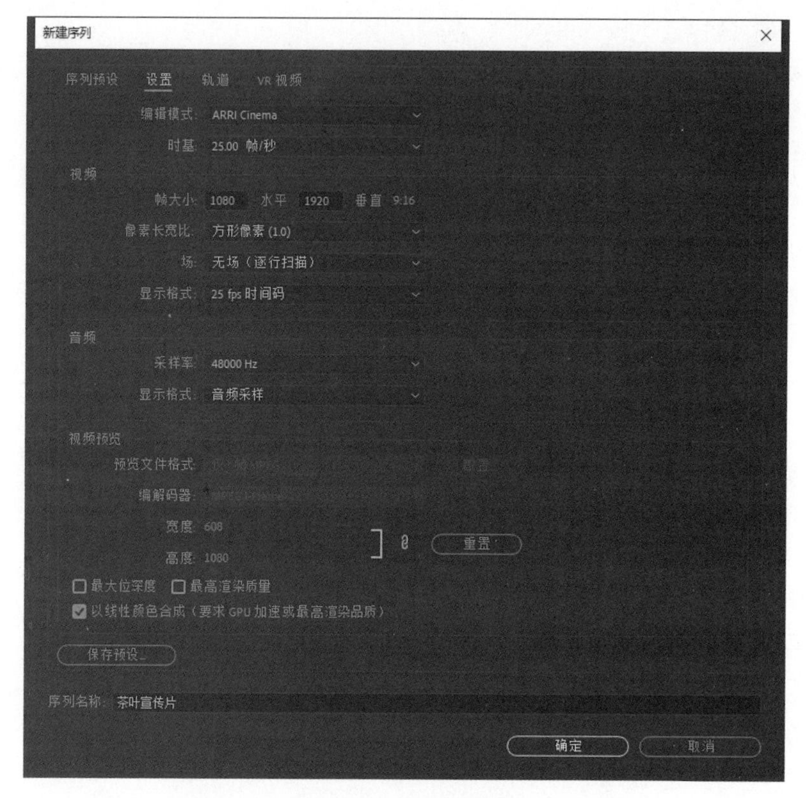

图4-39　新建序列

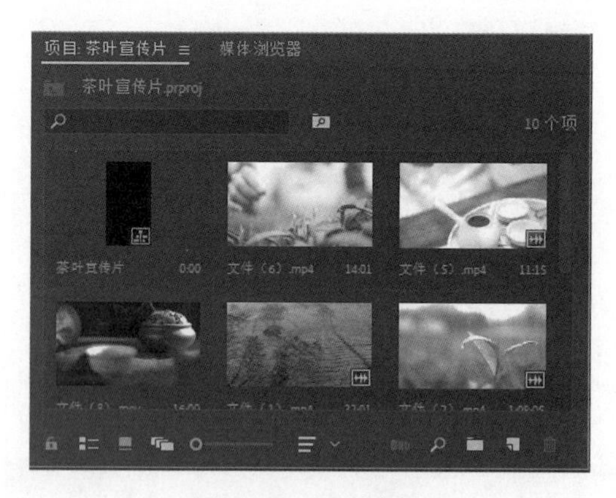

图4-40　导入素材

（2）镜头组接。将“项目”面板中的“文件（1）……文件（9）”文件拖拽到“时间线”面板中的“视频1”轨道中，按顺序进行组接，如图4-41所示。

3. 添加配音和背景音乐

（1）添加配音。将时间标签放置在00:00:00:00的位置，将“项目”面板中的“配音”文件拖拽到“时间线”面板中的“音频2”轨道中，并根据声音调整视频长度，效果如图4-42所示。

（2）添加背景音乐。将时间标签放置在00:00:00:00的位置，将“项目”面板中的“背景音乐”文件拖拽到“时间线”面板中的“音频3”轨道中，并剪切到合适位置，如图4-43所示。

选择“效果>音频过渡>交叉淡化>指数淡化”。拖动应用到“背景音乐”文件片尾，即可完成音频过渡效果。

4. 视频片段调色

“文件（1）”与“文件（2）”存在轻微色差，为了统一色调，对“文件（2）”进行调色。

在时间轴面板右键单击“文件（2）”，选择“Lumetri颜色”面板，进入调色界面，设置“基本校正”里白平衡和色调参数，如图4-44所示。

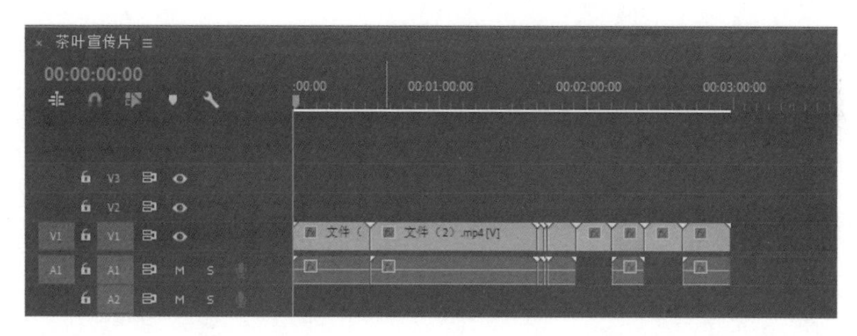

图4-41　镜头组接

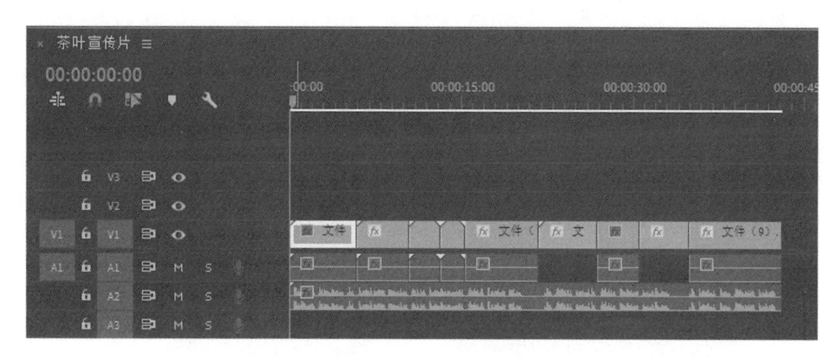

图4-42　添加配音

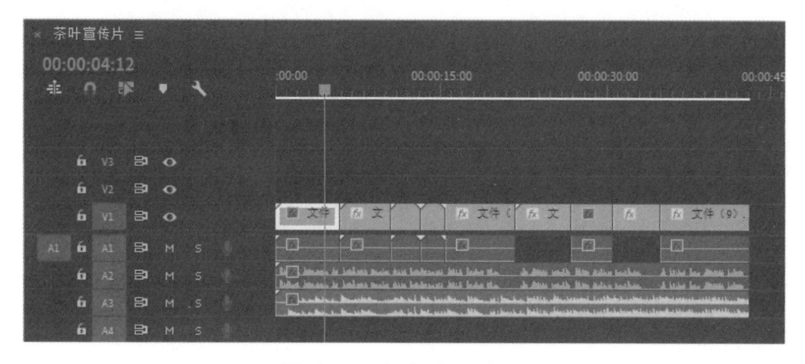

图4-43　添加背景音乐

5. 添加字幕

将时间标签放置在00:00:00:00的位置，按T键切换“文字工具”，在“节目”窗口底部居中的位置创建文字，文字为“在这片古老的土地上”。将时间标签放置在00:00:02:08的位置，将鼠标放置图片结尾处，当鼠标指针呈状态时单击，选取编辑点。按E键，将所选编辑点扩展到播放指示器的位置，如图4-45所示。依次将其他字幕添加至相应位置。

6. 导出视频

选择“文件>导出>媒体”命令，弹出“导出设置”对话框，具体设置如图4-46所示。单击“导出”按钮，导出视频文件。

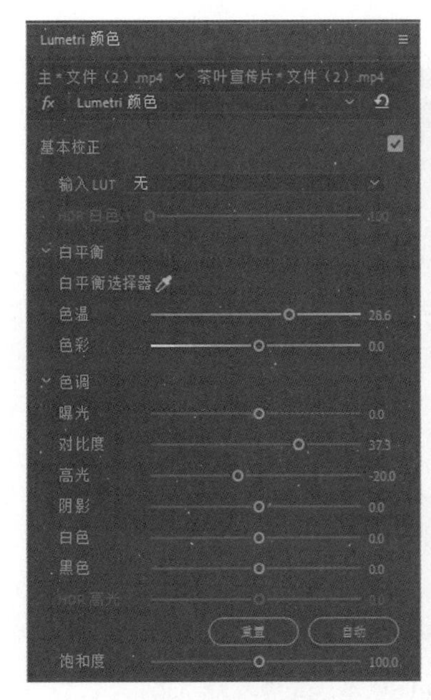

图4-44 调色参数

图4-45 添加字幕

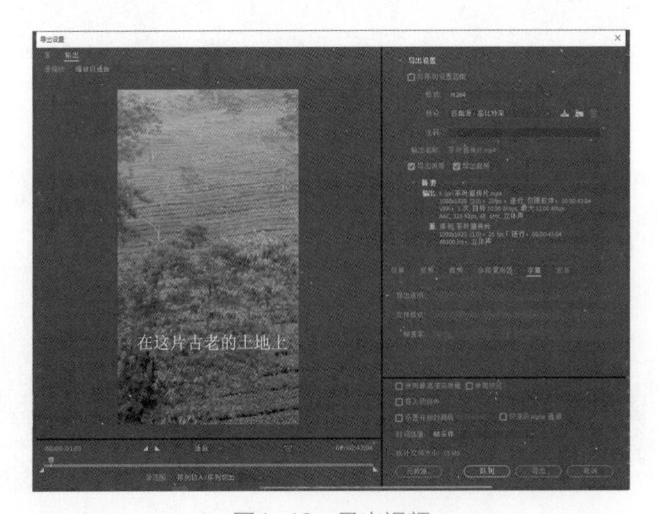

图4-46 导出视频

练习题

一、选择题

❶ 口播短视频的特点包括（　　）

A. 内容丰富　　B. 视频时长较长

C. 互动性强　　D. 以口头陈述为主

❷ 以下属于口播短视频分类的是（　　）

A. 美食制作类口播短视频　　B. 教育类口播短视频

C. 娱乐类口播短视频　　D. 产品推广类口播短视频

❸ vlog短视频的长度通常在（　　）

A. 几秒钟到1分钟　　B. 1到10分钟

C. 10到20分钟　　D. 20分钟以上

❹ 纪录短视频的特点包括（　　）

A. 虚构性　　B. 真实性

C. 精炼性　　D. 生动性

❺ 以下哪种类型属于纪录短视频的分类（　　）

A. 生活纪录型　　B. 人物纪录型

C. 事件纪录型　　D. 自然景观型

❻ 产品宣传短视频的特点包括（　　）

A. 复杂冗长　　B. 直观展示

C. 简短精炼　　D. 吸引注意力

二、判断题

❶ 口播短视频只需要注重语言表达，视觉呈现不重要。（　　）

❷ 口播短视频的播放速度越快越好，这样能在短时间内传达更多信息。（　　）

❸ vlog短视频越制作精良像商业节目越好。（　　）

❹ 纪录短视频在内容上可以进行适当的夸张来增强吸引力。（　　）

❺ 产品宣传短视频制作时无需考虑目标受众的需求和偏好。（　　）

❻ 产品策划对于产品宣传短视频拍摄是必要的准备工作。（　　）

模块 5 发布与推广新农村短视频

模块导读

发布与推广短视频是将高质量短视频作品呈现给公众的重要过程，它有效地连接了创作者与观众，为新农村的形象塑造和文化传播提供了有力支持。本模块系统地介绍了平台选择、账号定位、起号方法以及短视频数据分析等关键知识，旨在为读者在新农村短视频的推广运维过程中提供实用指导。

学习目标

知识目标：

（1）熟悉各大短视频平台的运营规则、用户特点和内容偏好。

（2）掌握短视频账号的起号方法。

（3）了解短视频数据分析的基本内容和方法。

能力目标：

（1）能够根据目标受众和平台特点，选择合适的发布平台和账号定位策略。

（2）能够运用各种起号方法和技巧，快速吸引粉丝并提高账号曝光度。

（3）能够熟练分析短视频数据，根据数据反馈优化内容和推广策略。

素养目标：

（1）养成耐心、细致的工作态度，注重细节和品质控制。

（2）具备良好的职业道德和自律意识，遵守行业规范和法律法规。

（3）具备开放的心态和持续学习的意识，不断适应行业变化和技术更新。

第一节　平台选择与账号定位

一、选择合适的平台

在定位新农村短视频账号时，选择合适的平台至关重要。以下是当前国内主要短视频平台的用户量、用户结构和平台相对特色的分析。

1. 抖音

（1）用户量：抖音拥有庞大的用户群体，活跃度也很高。

（2）用户结构：主要包括青少年、年轻人和中年人等年龄段，且各年龄段占比相对均衡。同时，抖音的用户也相对较为均衡地分布在各个城市和地区。

（3）平台特色：抖音注重用户的个性化体验和社交互动，以短视频为主，注重娱乐、时尚和个性化。其特点包括短小精悍、易于消费，同时也具有很高的社交性，用户可以与其他用户进行互动、评论和分享。此外，抖音的算法非常智能，可以根据用户的兴趣和行为习惯，为用户推荐更符合其喜好的内容。

2. 快手

（1）用户量：快手是国内用户数量最多的短视频平台之一，拥有大量的用户基数和高度活跃的用户群体。

（2）用户结构：快手的用户群体比较广泛，涵盖了各个年龄段和不同的兴趣爱好。相对来说，快手的用户在二、三线城市和乡村地区的分布更多一些。

（3）平台特色：快手以平民化、接地气的内容为主，充满了奇趣和创意。同时，快手也注重用户的互动和社交体验，为用户提供了多种社交功能，比如私信、评论、点赞等。此外，快手还开放了大量的API接口，支持第三方开发者在其平台上进行二次开发和创新。

3. 微视

（1）用户量：微视作为腾讯推出的短视频平台，可以借助微信、QQ等社交平台的流量优势，吸引一定数量的用户。但相比抖音和快手，其用户量和活跃度相对较低。

（2）用户结构：微视的用户与QQ、微信等社交平台的用户重叠度较高，主要以年轻人为主，同时也有一定的中年用户群体。

（3）平台特色：微视与微信、QQ等社交平台打通，方便用户进行账号互通和内容分享。此外，微视也提供了一些创新的拍摄和编辑工具，方便用户制作更具创意和个性化的短视频内容。但与抖音和快手相比，微视在内容和功能上的创新相对较少。

4. B站（哔哩哔哩）

（1）用户量：B站作为一个以动漫、游戏、娱乐为主题的综合性网站，吸引了大量年轻用户的关注和使用，用户基数也相对较大。

（2）用户结构：B站的用户群体以年轻人为主，特别是喜欢动漫、游戏等文化娱乐内容的用户。同时，B站也吸引了越来越多的创作者和UP主加入其平台。

（3）平台特色：B站注重用户的创造力和创新精神，提供了丰富的创作工具和支持政策，鼓励用户在平台上发布原创内容。同时，B站也以其独特的弹幕文化和社区氛围吸引了大量用户的关注和喜爱。用户可以在B站上观看视频、发布评论、进行弹幕互动等，形成了一种独特的社区文化。

5. 小红书

（1）用户量：小红书是一个以分享购物、美妆、旅游等生活方式为主的社交平台，也吸引了大量用户的关注和使用。不过相比抖音和快手等短视频平台，其用户基数相对较小。

（2）用户结构：小红书的用户主要以年轻女性为主，注重品质生活和时尚美妆等内容。同时也有一定的男性用户群体关注该平台上的旅游、数码等领域的内容。

（3）平台特色：小红书以高品质的生活方式内容为主打，吸引了大量关注时尚、美妆等领域的用户。用户可以在小红书上分享自己的购物心得、生活经验和旅行经历等内容，同时也可以进行购物消费和社交互动等操作。与其他平台相比，小红书在用户隐私保护和信息安全方面也有一定的优势。

6. 微博

（1）用户量：微博作为国内最大的社交媒体平台之一，拥有庞大的用户基数和高活跃度，覆盖了各个年龄段和职业群体。

（2）用户结构：微博用户群体广泛且多样化，既有明星、企业家等公众人物，也有普通用户。用户地域分布相对均衡，城市和农村用户均有一定比例。

（3）平台特色：微博以短文本和图片为主要内容形式，注重时效性和热点话题的传播。平台提供了丰富的社交功能，如转发、评论和点赞等，方便用户进行互动和交流。同时，微博也是重要的新闻资讯来源之一，许多用户通过微博获取最新的社会动态和行业资讯。

根据QuestMobile在2023年9月发布的数据，不同平台的用户年龄分布呈现出一定特点。在各平台中，年轻人占比较高。具体来说，抖音在25～50岁用户的覆盖相对均衡；而快手则以中坚力量为主要用户群体；小红书与微博的情况相似，主要吸引35岁以下的用户。对于B站而言，可以形容为“与用户一同成长”，因为该平台25～35岁的用户占比较高。这些年龄分布的特点可以参考表5-1进行更直观地了解，表中数据源自QuestMobile。

此外，多平台使用已经成为用户的普遍行为，这在一定程度上加大了品牌在碎片化时间中寻找关键触点的难度，具体可参考表5-2和表5-3，表中数据源自QuestMobile。用户重合率不仅是检验平台差异化策略的一个指标，同时也是推动平台持续创新的重要因素。

表5-1　2023年9月典型新媒体平台用户画像（性别&年龄）

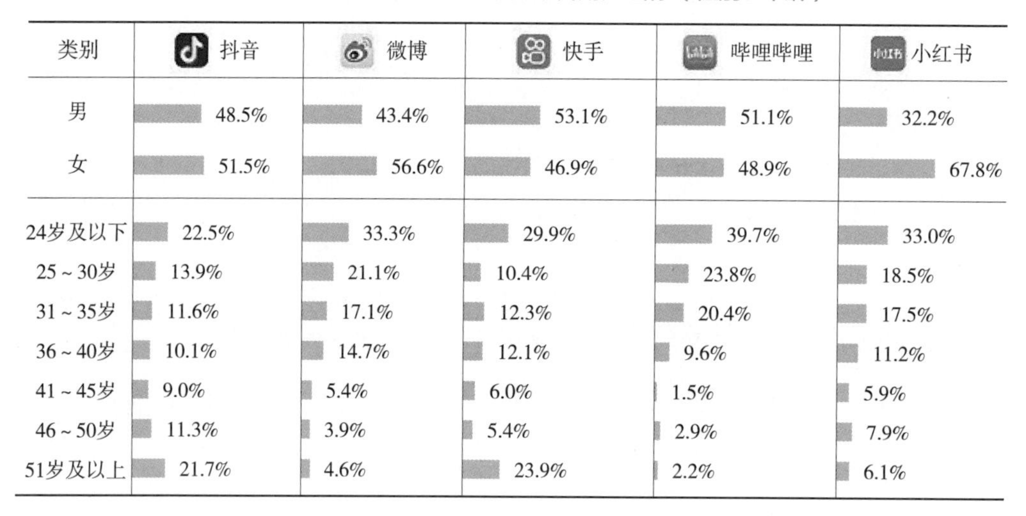

类别	抖音	微博	快手	哔哩哔哩	小红书
男	48.5%	43.4%	53.1%	51.1%	32.2%
女	51.5%	56.6%	46.9%	48.9%	67.8%
24岁及以下	22.5%	33.3%	29.9%	39.7%	33.0%
25～30岁	13.9%	21.1%	10.4%	23.8%	18.5%
31～35岁	11.6%	17.1%	12.3%	20.4%	17.5%
36～40岁	10.1%	14.7%	12.1%	9.6%	11.2%
41～45岁	9.0%	5.4%	6.0%	1.5%	5.9%
46～50岁	11.3%	3.9%	5.4%	2.9%	7.9%
51岁及以上	21.7%	4.6%	23.9%	2.2%	6.1%

表5-2　2023年9月典型新媒体平台用户使用习惯及占比变化

使用习惯	用户占比/%	占比变化/%
仅使用1个	24.9	-4.6
同时使用2个	31.1	+0.2
同时使用3个	24.3	+1.7
同时使用4个	15.9	+2.2
同时使用5个	3.8	+0.4

表5-3　2023年9月典型新媒体平台用户整体重合率

平台	2023年9月整体重合率/%	2023年9月重合用户占前者百分比/%	2023年9月重合用户占后者百分比/%
抖音&微博	36.4	44.1	67.7
抖音&快手	33.2	40.2	65.4
微博&哔哩哔哩	24.2	27.9	64.4
哔哩哔哩&小红书	24.1	37.9	39.9
抖音&小红书	21.5	22.4	83.7
抖音&哔哩哔哩	20.4	21.8	77.1
微博&小红书	20.2	23.7	57.6
微博&快手	17.7	29.3	31.0
快手&小红书	11.1	14.3	32.9
快手&哔哩哔哩	9.2	12.3	26.9

注：整体重合率=A与B的重合用户规模/A+B去重用户规模。

需要注意的是，上述分析是基于平台整体用户情况的总结，并不意味着所有用户都具备这些特征。每个用户群体内部实际上存在着一定的差异性和多样性。因此，在选择和使用特定平台时，应该结合自身的需求和目标受众的特点进行细致的选择和调整。

二、新农村短视频账号的定位要素

1. 受众定位

新农村短视频账号的首要任务是明确目标受众。这既包括了对乡村生活有情感纽带的农民朋友，也包括对乡村文化、田园风光感兴趣的城市居民，甚至可以是对农业发展、乡村振兴有关注度的政策制定者和研究者。理解受众的需求和偏好，是定位新农村短视频账号的基石。

2. 内容定位

内容是新农村短视频账号的核心。在定位内容时，应紧密结合受众定位，选取能够反映乡村生活、农业发展、乡村文化等方面的题材。如可以展示乡村的自然风光、田园生活，也可以介绍农业技术、农产品加工销售等，还可以挖掘乡村的民俗风情、历史传统等。

3. 风格定位

风格是新农村短视频账号的独特标识。在确定风格时，既要体现出乡村的朴实自然、亲切接地气，也要根据受众的审美需求，适当融入现代元素，创新表现形式，形成既有乡村特色又具有时代感的风格。

三、新农村短视频账号的定位策略

1. 差异化定位

在众多的新农村短视频账号中，要想脱颖而出，需要有差异化的定位。可以根据自身的资源和优势，选择独特的内容角度，如专注于某一地区的乡村文化，或者某一领域的农业技术，打造出特色鲜明的短视频账号。

2. 情感化定位

乡村是很多人的精神家园，新农村短视频账号可以通过情感化的定位，引发观众的共鸣。可以通过讲述乡村故事，展示乡村生活的温馨场景，传递乡村文化的独特魅力，让观众在观看短视频的同时，感受到对乡村的深深眷恋。

3. 功能性定位

除了娱乐和观赏价值外，新农村短视频账号还可以承担一定的功能性角色。例如，可以作为农业技术的传播平台，为农民提供实用的种植、养殖技术；也可以作为农产品的展示平台，帮助农民拓宽销售渠道；还可以作为乡村文化的传承平台，让更多的人了解和欣赏乡村文化的魅力。

第二节 起号方法介绍

一、完成账号的“基础建设”（以抖音为例）

1. 注册抖音账号

注册抖音账号的步骤如下：

（1）下载抖音短视频App，并安装在手机上。

（2）打开抖音App，在首页找到“我”，进入该页面，如图5-1所示。

（3）选择手机号码注册方式：在“我”页面中弹出的内容里点击输入手机号注册（也可以选择微博、QQ、微信等方式注册和快捷登录），如图5-2所示。

（4）输入手机号码之后，看清楚相关协议，点击同意抖音用户协议，如图5-3所示。

（5）进行手机号码短信验证，输入验证码以后再点击“登陆”，如图5-4所示。

（6）完成注册，进入自己的页面，并完善信息，包括编辑昵称、选择性别和填写生日等，如图5-5、图5-6所示。

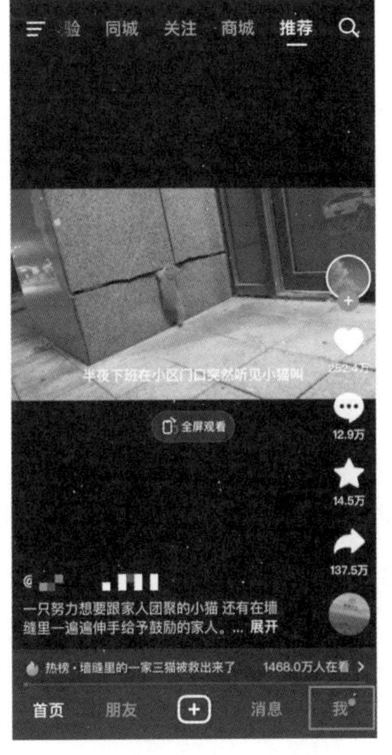

图5-1　在首页找到“我”

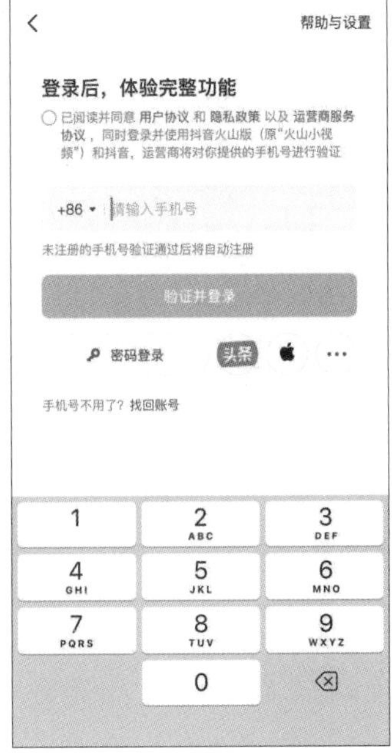

图5-2　输入手机号注册

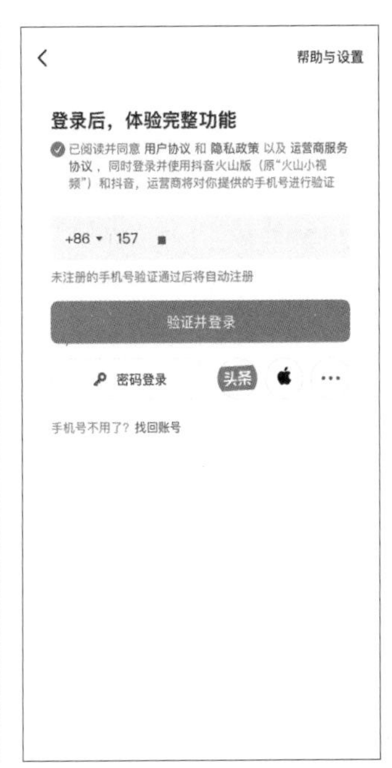

图5-3　同意抖音用户协议

图5-4　输入验证码登录

图5-5　个人页面

图5-6　完善信息

（7）填写完整信息后，返回个人主页就可以看到账号已注册成功。

2. 开通商户界面

当用户粉丝数量不足1000时，仅获得橱窗带货权限。粉丝数达到1000后的次日，可以进一步开通直播间或短视频带货权限。（注意：部分用户需要在开通权限时缴纳保证金，具体以页面提示为准。）

开通商户的步骤如下：

（1）进入抖音我的页面后，点击页面中右上角的“三条横线”图标，如图5-7所示。

（2）在弹出的新窗口页面中，点击“抖音创作者中心”选项，如图5-8所示。

（3）进入抖音创作者中心页面后找到并点击“全部”，打开功能列表页面后点击下面的“电商带货”，如图5-9所示。

（4）在跳转的电商带货页面中，点击“立即加入抖音电商”选项，如图5-10所示。

（5）进行实名认证。弹出实名认证对话框，填写实名信息，如图5-11所示。

（6）选择带货资质。有3种带货资质可选，如图5-12所示。

（7）提交材料。以个人为例，根据带货资质的类型填写带货资质，开通收款账户，如图5-13所示。

（8）平台审核。平台进行资质审核，结果将以短信通知，审核通过后即可成功开店。

需要注意的是，平台运营规则不断更新发展，具体流程和要求会根据抖音平台的最新政策有所变化，建议在操作前查阅最新的抖音小店开通指南。

图5-7 “三条横线”图标

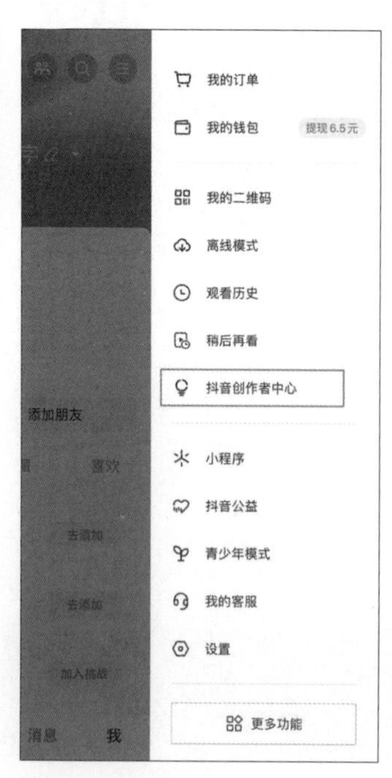

图5-8 “抖音创作者中心”选项

图5-9 “电商带货”图标

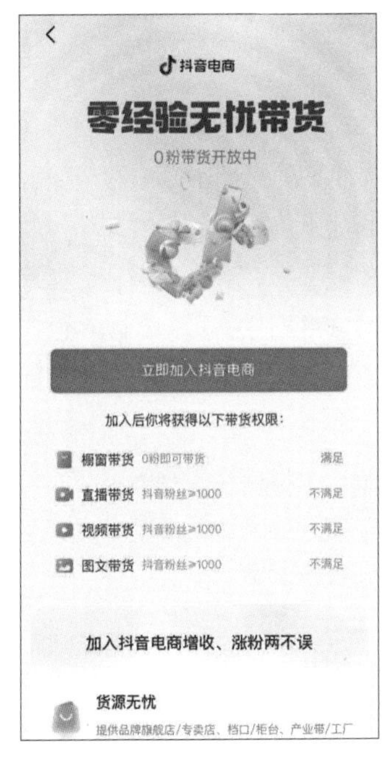

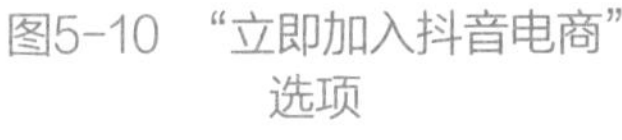
图5-10 “立即加入抖音电商”选项

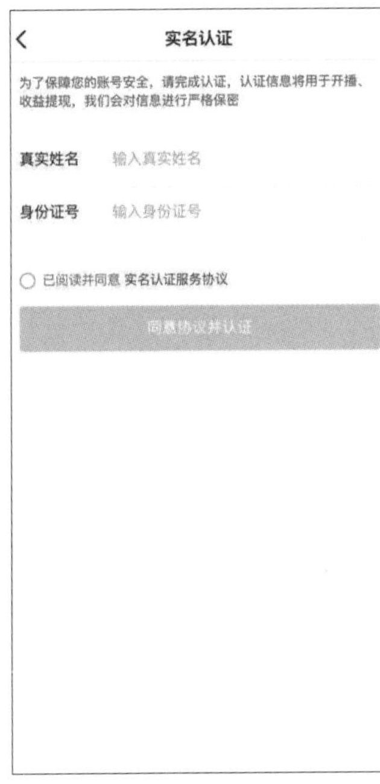

图5-11 实名认证

图5-12 3种带货资质

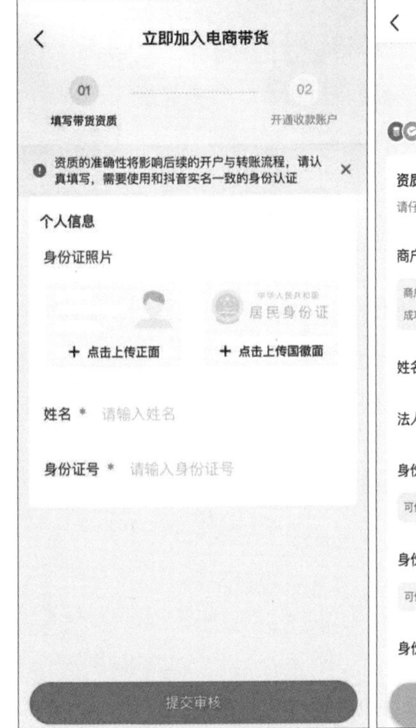

图5-13 提交材料

二、关注同类账号

快速积累粉丝并非取决于作品数量，而是作品与观众的共鸣度及其质量。在当下新农村建设的热潮中，融入新农村元素的短视频正成为新的“爆款”制造机。一条展现乡村美景、传统文化或现代农业科技的短视频，便能吸引大量对城市与乡村生活交融感兴趣的新粉丝。

要在新农村主题中打造优质内容，首先要紧密关注同类乡村账号，并深入研究它们如何巧妙地结合新农村元素与观众情感。对于新手而言，选取获赞最多的新农村短视频作为创作参考，模仿其叙事结构和视觉呈现，并在其中融入自己对乡村生活的独特感悟和故事，便能创作出既具有乡村韵味又不失个人风格的短视频。

此外，掌握一些专业的拍摄技巧也至关重要。运用无人机航拍、手持稳定器等设备，可以捕捉到更加生动、细腻的乡村画面。结合适当的剪辑和音效处理，就能让短视频更具观赏性和感染力，稳步提高质量，逐渐形成个人在新农村主题领域的核心竞争力。

三、发布作品

在快速起号阶段，发布作品是一个看似简单却至关重要的步骤，尤其在新农村短视频领域。在发布之前，深入了解平台的审核机制至关重要。

以抖音为例，其审核流程包括双重审核：首先是机器审核，通过人工智能算法对作品进行初步筛选。这一步骤能够高效处理海量内容，识别画面、文案、音乐等关键元素，判断是否存在违规行为或抄袭行为。若机器审核发现潜在问题，作品将被拦截并转至人工审核环节。

人工审核则更为细致，审核人员会仔细检查作品的标题、封面、视频关键帧等，确保内容符合平台规范。对于被算法标记为可能存在违规的作品，审核人员将进行更为严格的审查，并提供具体的建议或指导。若账号存在严重违规行为，抖音平台将根据规定采取相应的处罚措施，如删除视频、降权通告甚至封禁账号。

对于新农村短视频创作者而言，了解并遵守这些审核规则至关重要。通过精心策划和制作符合平台标准的优质内容，不仅能够提高作品的曝光率和推荐量，还能更好地展现乡村美景、传统文化和现代农业科技，吸引更多对城市与乡村生活交融感兴趣的观众。同时，掌握专业的拍摄技巧和适当的剪辑手法，也能让新农村短视频更具观赏性和感染力，从而在新农村主题领域形成个人的核心竞争力。

在快速起号阶段，发布作品是一个看似简单却至关重要的步骤，尤其在新农村短视频领域。在发布之前，深入了解平台的审核机制至关重要。

你知道吗?

抖音的降权方式主要有以下几种：

（1）仅粉丝可见：当某些用户发布的作品被抖音检测到存在广告行为、画质较差或内容混乱时，这些作品可能只会被该用户的粉丝看到，而不会推荐给其他用户或获得曝光。

（2）官方处罚通知但可正常使用：当用户收到抖音的官方处罚通知时，这通常意味着他们的作品涉嫌搬运、包含水印等违规行为。尽管账号仍然可以正常使用，但用户应注意避免进一步的违规行为。

（3）仅自己可见：在某些情况下，用户可能错误地认为他们已经成功发布了作品，但实际上这些作品只有他们自己能看到。这种情况被称为“关小黑屋”，意味着作品没有得到有效发布。

（4）封禁或清除连续违规账号：对于连续违规的账号，抖音可能会采取更严厉的措施，如封禁账号或清除相关信息。这包括注册手机号、手机ID、身份证号以及绑定的头条号等信息。在这种情况下，即使用户注销并重新注册账号，也可能无法正常使用抖音平台。

对于新注册的账号而言，发布不符合平台规范的作品导致的降权无疑是一次“重大挫折”。因此，在呈现新农村风貌的短视频作品发布之前，进行全面的内容审核和质量提升显得尤为重要。

频繁发布低质量内容不仅会受到平台的流量限制，还可能被误认为是营销号，从而丧失来之不易的观众关注。为了避免这一风险，深入了解平台的审核标准，并创作出既符合规范又高质量的新农村短视频作品至关重要。

在发布过程中，不可忽视“五大要素”的作用：

（1）标题要吸引人（在观众浏览视频的短暂3秒内迅速抓住其注意力）。

（2）文案要丰富（建议撰写50字以上的描述，充分展现新农村的魅力）。

（3）标签要精确（选用与新农村主题相关的标签，提高作品可见度）。

（4）位置要热门（选择受众活跃的地点进行定位，增加曝光机会）。

（5）封面要抢眼（设计能迅速吸引观众眼球的封面，进一步提升流量）。

此外，选择合适的发布时间也至关重要。在工作日，推荐在6点至9点、11点至14点、17点至19点以及21点后的时段发布，以迎合观众的休闲时间；而在周末或休息日，则可灵活选择全天任意时段进行发布。

通过初步发布几部作品后，创作者就能大致了解观众的喜好。接下来的关键是，参考高点赞作品的风格和内容，持续创作新的高质量新农村短视频，不断提升作品的整体水平，以满足粉丝的期待并吸引更多新观众。

四、完善账号属性

确定好自己的内容方向之后，在制作内容和运营账号时，有几个内容方向需要注意：

（1）垂直细分。确定好方向之后，就深耕这个领域，不要今天发一个电影剪辑，明天就发一个美食制作，这样即使涨粉，过来的也都是泛粉，对后期变现没有任何意义，相反，还会将账号定义成一个泛领域号。

（2）价值体现。任何平台，仍要回归到内容的本质上，内容要对用户产生价值，比如教会某种技能或提供某种情感链接。如果内容对用户毫无价值，即使运营到最好，也只是镜花水月。

（3）差异化。视频可以对标一些账号确定自己的内容，但不要完全仿照，一定要有自己的想法和元素，让用户感受到新奇的地方，留下深刻印象。

（4）持续性。在开始运营之后，不要中途断更，要保持账号的定期更新。建议在前期准备时，可以多准备一些库存素材，以便后面有足够的内容补缺。

五、加强互动

1. 向用户征集话题

短视频创作团队在长期制作短视频的过程中难免会遇到瓶颈，如果思考不出优秀的选题，可以发起活动向用户征集，这样还能与用户互动，让用户在表达自我的过程中产生参与感。比如某些星座号会在微博发布主题——“你与某某星座发生过哪些有趣的事”。然后从微博评论中选取具有代表性的事例作为以后短视频的话题。而当用户看到自己亲手参与制作的短视频后，则会有一种亲切感和自豪感。

2. 让用户生产内容

引导用户自发生产内容，让观众成为内容的生产者之一，往往可以大幅提升用户的热情。短视频团队可以选取一些吸引人的主题，发出征集活动，有兴趣的用户看到后自然会参与其中，从而与短视频团队形成良好的互动。比如，某薯片制作商发起的两场话题挑战赛“是薯片先撩的我”“咔嚓咔嚓浪不停”，分别请了明星和网络达人参与，吸引了大量粉丝模仿。同时还请了不同领域的杰出人才，通过创意玩法引导用户进行各种充满想象力的短视频内容生产。于是，不管是粉丝还是路人都加入了这场挑战赛，从而积累了不少粉丝，扩大了品牌影响力。

3. 抛出有争议的话题

有分歧的话题、针锋相对的观点，通常都能调动观众的情绪。比如美食的南北之争、热点事件的争议等，都能提高短视频的热度，吸引用户参与到讨论中。

六、运营变现

短视频运营的变现方式多种多样，运营者可以根据自身情况和平台规则选择适合自己的方式进行变现。短视频运营的变现方式主要有以下几种：

（1）广告变现：短视频平台可以通过广告投放来获得收益，这通常分为预算和竞价两种方式。预算方式是指以固定价格进行投放，而竞价方式则是根据广告竞价排名进行展示。广告商也可以主动联系一些垂直领域的账号，进行广告内容植入。

（2）电商变现：短视频平台可以通过与电商合作，进行产品推广和销售，从而获得佣金收益。运营者可以选择具有自身特色和明显优势的产品，打造属于自己的IP，提升在同质化竞争中的竞争力。此外，短视频平台还可以开通商铺橱窗功能，进行电商带货，包括分销电商和自营电商。

（3）知识付费：经验丰富的人或者行业大咖，可以选择将自身的一些经验、专业知识进行分享，感兴趣的或者志同道合想要深化学习的用户，就会对知识内容进行付费。此类型的账号，大多在短视频中需要进行私域流量池的转化。

（4）直播变现：直播的形式要建立在粉丝数量达到一定程度的基础上。直播时可以获得粉丝的打赏，还可以在直播的时候进行带货，即直播带货。

（5）网红衍生价值变现：打造个人IP，之后可以带来一系列的变现方式，比如说线下培训咨询、版权、付费社群、众筹合作和衍生产品等。

（6）平台官方的补贴和流量分成：一些短视频平台会对创作者提供官方的补贴和流量分成，这也是一种变现方式。

（7）和平台签约：现在各大短视频平台对于优质创作者推出了一系列的签约机会，除此之外，还可以直接和MCN服务机构签约，获得稳定的收益。

第三节　分析短视频数据

运营数据分析是新农村短视频运营中非常重要的一个环节，可以帮助运营者更好地了解用户需求和行为特征，优化运营策略，提高短视频的曝光和转化效果。运营者在进行短视频运营时，需要注重数据分析，运用好数据分析工具和方法，不断优化运营策略，提高短视频的质量和影响力。一般情况下，短视频运营数据分析分为两个方面：竞争对手分析和自有产品分析。

一、竞争对手分析

其实每个人在短视频运营开始时都不是专家，所以视频团队需要学习提升，向竞争对手学习就是十分有效的方法。这个过程中少不了分析对手的领域的选择，主题的设立，短视频制作特点、短视频的受众效果（播放量、点赞占比、收藏与评论等数据），透过这个综合分析，才能认识到好在哪里，不好在哪里，从而提升自己的创作水平。

二、自有产品分析

1. 分析用户画像

首先需要分析用户画像，包括年龄、性别、地域、职业、观看时间等基本信息，以及兴趣爱好、消费习惯等行为信息。通过分析用户画像，可以更好地了解用户的需求和行为特征，为后续的运营策略提供数据支持。

2. 分析短视频数据

需要分析短视频的数据包括播放量、完播率、点赞数、评论数、转发数等指标。通过分析这些指标的变化趋势和分布情况，可以了解短视频在用户中的受欢迎程度和传播效果，进而优化运营策略，提高短视频的质量和影响力。

你知道吗?

几个关键词的运营意义：

①完播率：视频完播率越高，代表视频的内容越精彩，用户有看下去的欲望，视频的内容对用户是有吸引力的或者有价值的。

②点赞数：点赞数越多，说明视频引起了用户的共鸣或者视频对于用户是有价值的。

③评论数：评论越多，代表视频的内容有引起用户思考或者视频的内容有吐槽点。

④播放量：其他3项数据越好，播放量就会越高；播放量越高就说明视频被推送得越多。

3. 分析运营效果

需要分析运营效果包括曝光量、点击率、转化率等指标。通过分析这些指标的变化趋势和分布情况，可以了解运营策略的有效性和针对性，进而优化运营策略，提高短视频的曝光和转化效果。

在进行分析时，可以使用工具进行分析，如短视频数据分析工具、Excel等。通过工具的数据可视化功能，可以更加直观地展示数据的变化趋势和分布情况，进而更好地了解用户需求和行为特征，优化运营策略，提高短视频的曝光和转化效果。

练习题

一、选择题

1. 新农村短视频账号的定位要素包括（　　）

A. 受众定位　　B. 产品定位

C. 内容定位　　D. 风格定位

❷ 抖音平台的降权方式主要有哪些（　　）

A. 仅粉丝可见　　　　B. 官方处罚通知但可正常使用

C. 仅自己可见　　　　D. 封禁或清除连续违规账号

❸ 短视频在发布过程中，需要注意哪些工作要素（　　）

A. 标题要吸引人、文案要丰富　　　　B. 标签要精确

C. 位置要热门　　　　D. 封面要抢眼

❹ 与用户加强互动的方法包括（　　）

A. 向用户征集话题　　　　B. 让用户生产内容

C. 抛出有争议的话题　　　　D. 与潜在用户语音交流

❺ 短视频运营的变现方式包括（　　）

A. 广告变现、电商变现　　　　B. 知识付费

C. 直播变现、网红衍生价值变现　　　　D. 平台官方的补贴、流量分成和平台签约

❻ 分析自有短视频运营效果时，需要关注哪些关键数据点（　　）

A. 用户画像分析　　　　B. 短视频数据分析

C. 运营效果分析　　　　D. 平台功能分析

二、判断题

❶ 每个用户群体内部实际上存在着一定的差异性和多样性。在选择和使用特定平台时，应该结合自身的需求和目标受众的特点进行细致的选择和调整。（　　）

❷ 在众多的新农村短视频账号中，要想脱颖而出，需要有差异化的定位。可以根据自身的资源和优势，选择独特的内容角度，如专注于某一地区的乡村文化，或者某一领域的农业技术，打造出特色鲜明的短视频账号。（　　）

❸ 新农村短视频账号只具备娱乐和观赏价值，不能承担其他功能性角色。（　　）

❹ 运营者在进行短视频运营时，需要注重数据分析，运用好数据分析工具和方法，不断优化运营策略，提高短视频的质量和影响力。（　　）

参考答案

模块一

一、选择题

1. ABCD　2. BCD　3. ABCD　4. ABCD　5. ABD　6. ABCD　7. ABCD

二、判断题

1. 正确　2. 正确　3. 错误　4. 正确　5. 错误

模块二

一、选择题

1. ABC　2. BC　3. ABCD　4. ABCD　5. A　6. D　7. ABC

二、判断题

1. 正确　2. 错误　3. 正确　4. 正确　5. 正确　6. 正确　7. 错误

模块三

一、选择题

1. ABCD　2. BC　3. ACD　4. BD　5. ABCD

二、判断题

1. 正确　2. 正确　3. 错误　4. 正确　5. 正确

模块四

一、选择题

1. ACD　2. BCD　3. B　4. BCD　5. ABC　6. BCD

二、判断题

1. 错误　2. 错误　3. 错误　4. 错误　5. 错误　6. 正确

模块五

一、选择题

1. ACD　2. ABCD　3. ABCD　4. ABC　5. ABCD　6. ABC

二、判断题

1. 正确　2. 正确　3. 错误　4. 正确

参考文献

[1] 李彦利. 乡村振兴视域下“三农”短视频的创新发展研究[J]. 西部广播电视，2022，43（20）：22-24.

[2] 中国互联网络信息中心. 中国互联网络发展状况统计报告[R/OL].（2023-03-02）[2024-05-20]. https://www.cnnic.cn/n4/2023/0303/c88-10757.html.

[3] 田甜，崔明伍. 三农题材短视频赋力乡村文化传播研究[J]. 皖西学院学报，2023，39（2）：145-150.

图2-19　利用色彩对比（彩插1）

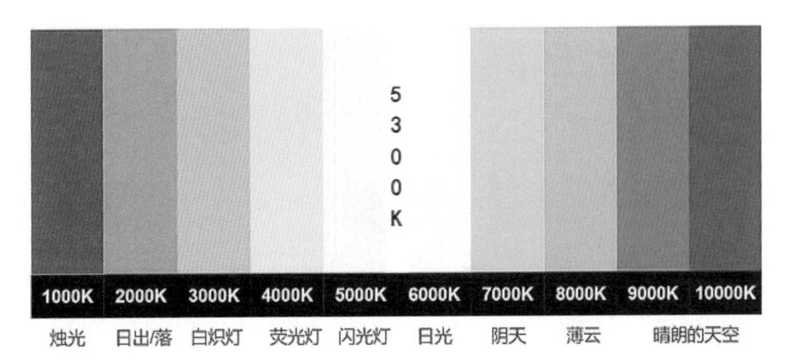

图2-42　不同光线对应的不同色温值（彩插2）

图2-43　暖色光（彩插3）

图2-44　中性光（彩插4）

图2-45　冷色光（彩插5）

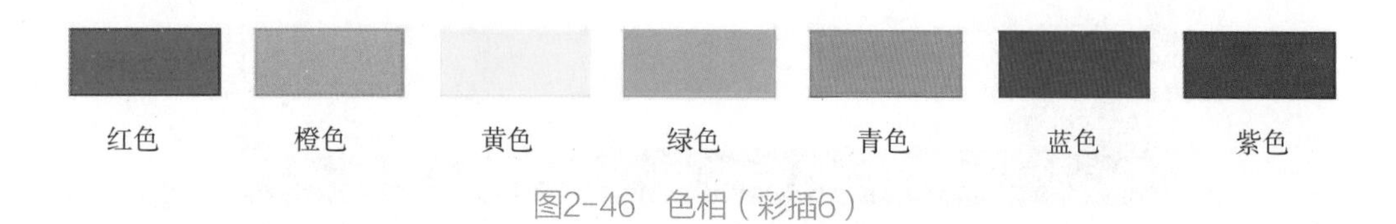

图2-46　色相（彩插6）

图2-47　绿色（彩插7）

图2-48　紫色（彩插8）

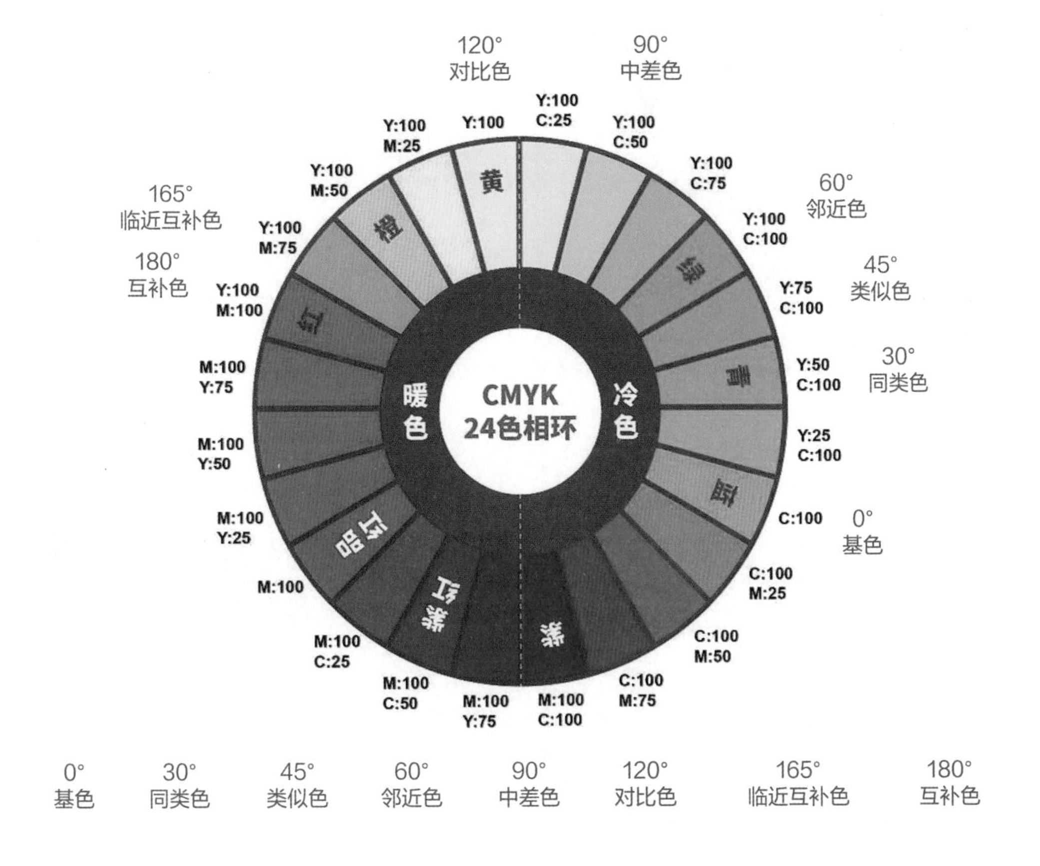

图2-49 24色相环（彩插9）

图2-50 互补色（彩插10）

图2-51 对比色（彩插11）

图2-52　邻近色（彩插12）

图2-53　类似色（彩插13）

图2-54　纯度（彩插14）

图2-55　明度（彩插15）

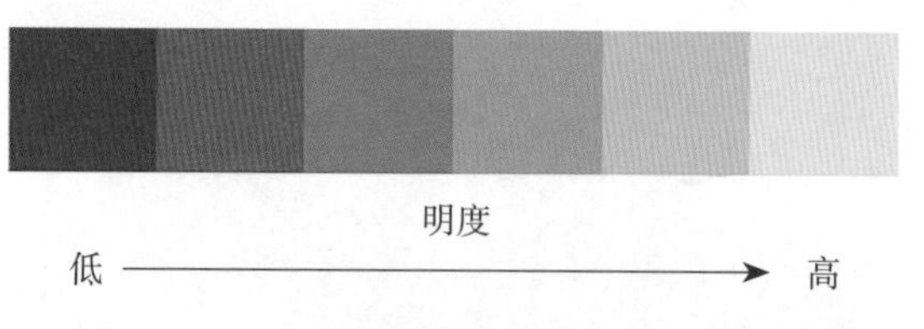

图2-56　同一色相的不同明度（彩插16）